海河流域湿地栖息地完整性恢复及保障技术

刘静玲　尤晓光　史　璇　孟　博　孙　斌等　著

科学出版社

北　京

内 容 简 介

　　针对强人为干扰下海河流域水资源短缺、栖息地恶化和生态系统退化复合环境问题,本书面向如何保障流域湿地栖息地完整性这一基础科学问题,以本领域国际最新研究成果和栖息地完整性评价模型为理论和方法支撑,探明海河流域不同时空水系构型和流量特征,进行水生态单元-水系-流域尺度下栖息地完整性评价,研究不同流量和人为胁迫对湿地栖息地完整性的影响机制,开展流域湿地栖息地研究案例分析,构建面向海河流域栖息地改善和生态恢复的保障技术。本书对多尺度栖息地完整性研究与实践具有新的启示,可为流域湿地栖息地恢复与生态系统管理提供重要的科学依据与技术支撑。

　　本书可供环境科学、环境工程、生态学及生态水文等相关领域的水环境/水资源管理者、科技工作者、高校师生和相关技术人员参考。

审图号:GS(2018)1314 号

图书在版编目(CIP)数据

　　海河流域湿地栖息地完整性恢复及保障技术/刘静玲等著. —北京:科学出版社,2018.3

　　ISBN 978-7-03-055473-4

　　Ⅰ.①海⋯　　Ⅱ.①刘⋯　　Ⅲ.①海河-流域-沼泽化地-栖息地-生态恢复　Ⅳ.①X171.4

　　中国版本图书馆 CIP 数据核字(2017)第 281460 号

责任编辑:张　震　孟莹莹 / 责任校对:郭瑞芝
责任印制:吴兆东 / 封面设计:无极书装

科学出版社 出版
北京东黄城根北街 16 号
邮政编码:100717
http://www.sciencep.com

北京厚诚则铭印刷科技有限公司 印刷
科学出版社发行　各地新华书店经销

*

2018 年 3 月第 一 版　开本:720×1000　1/16
2018 年 3 月第一次印刷　印张:14 1/4
字数:287 000

定价:99.00 元
(如有印装质量问题,我社负责调换)

序

　　2016 年是我国"十三五"的开局之年，也是围绕解决生态文明建设和环境保护重大瓶颈制约、绿色发展和生态环境法律制度密集出台的一年。在全球实施可持续发展和生态文明进程中，中国日益成为有重大影响力的推动力量。

　　《2030 年可持续发展议程》于 2015 年 9 月 25 日在联合国可持续发展峰会上通过，于 2016 年 1 月 1 日正式启动，确定日后 15 年实现 17 项可持续发展目标。为有效落实议程，2016 年 9 月，二十国集团（G20）承诺推进全球落实《2030 年可持续发展议程》，构建包容和可持续的未来。历经多轮谈判，框定新形势下全球气候变化基本原则和基本方向的《巴黎协定》11 月 4 日正式生效。该协定明确各缔约国在共同但有区别的责任原则下，保持全球升温控制在 2℃ 以内的长期目标。在第 22 届联合国气候大会上，全球 190 多个国家和地区积极促成有效机制的建立，确保《巴黎协定》的执行与落实。2016 年 12 月召开的联合国生物多样性大会上，全球 196 个缔约方达成 72 项决议，通过《将保护和可持续利用生物多样性纳入主流化以增进福祉的坎昆宣言》，决定建立有效制度框架、立法机制和管理体制，推动生物多样性保护成为主流趋势，增加人类福祉。

　　我国自国务院发布关于环境要素水、土和大气的《水污染防治行动计划》《土壤污染防治行动计划》和《大气污染防治行动计划》之后，2016 年 3 月，第十二届全国人民代表大会第四次会议表决通过《中华人民共和国国民经济和社会发展第十三个五年规划纲要》，提出创新、协调、绿色、开放、共享五大发展理念。2016 年 12 月，国务院印发了《"十三五"生态环境保护规划》，提出了"十三五"生态环境保护的约束性指标和预期性指标，其中约束性指标 12 项；到 2020 年要实现生态环境质量总体改善。

　　2016 年 12 月国务院发布的《湿地保护修复制度方案》指出，湿地保护是生态文明建设的重要内容，事关国家生态安全，事关经济社会可持续发展，事关中华民族子孙后代的生存福祉。要实行湿地面积总量管控，到 2020 年，全国湿地面积不低于 8 亿亩（1 亩≈666.7 平方米），自然湿地面积不低于 7 亿亩，新增湿地面积 300 万亩，湿地保护率提高到 50% 以上。严格监管湿地用途，确保湿地面积不减少，增强湿地生态功能，维护湿地生物多样性，全面提升湿地保护与修复水平。在完善湿地分级管理体系方面，根据生态区位、生态系统功能和生物多样性，将全国湿地划分为国家重要湿地（含国际重要湿地）、地方重要湿地和一般湿地进行管理。将湿地面积、湿地保护率、湿地生态状况等保护成效指标纳入地方各级人民政府生态文明建设目标评价考核等制度体系。

　　海河流域湿地生态系统服务功能结构在强人为活动的作用下发生了巨大变

化，从 20 世纪 50~60 年代的调节水分、水资源供给、养分循环、干扰调节和废物处理等服务功能，总生态系统服务价值 33.8547 亿美元/年，到 2005 年主要表现为调节水分和养分循环，总生态系统服务价值 5.5232 亿美元/年，共减少了 83.69%，其中栖息地价值减少了 94.68%。

针对强人为干扰下海河流域水资源短缺、栖息地恶化和生态系统退化复合环境问题，自 2000 年起我带领的北京师范大学海河流域湿地生态恢复研究团队，从海河流域生态需水量研究开始，不间断地开展了系列相关研究，获得了国家级和省部级多项奖励。刘静玲教授作为我们科研团队的骨干力量，一直以来贡献了创新性的智慧。我作为刘静玲教授博士后合作导师，亲历了她及其科研团队在科学研究创新道路上的成长过程，从项目普通成员、项目骨干、创新团队成员、子课题负责人一步步成长为课题负责人。她从负责湖泊湿地生态需水量计算起步，一路不断克服困难，勇敢攀登科研高峰，秉承和发扬北京师范大学环境学院励精图治和开拓创新的科学精神，以开放包容的心态积极参与国内外相关学科领域的各种学术交流，相互切磋、共同探索、勇于创新，带领团队探索海河流域尺度不同湿地生态单元的水环境变化规律和生态风险评估，研究成果在流域湿地生态及其相关研究领域产生了一定的学术影响。在"十二五"期间，她关注流域尺度上湿地栖息地完整性这一学科前沿和热点，并与海河流域湿地生态保护与管理相结合，在理论方法创新的同时兼顾生态修复保障技术，为海河流域的湿地生态恢复与管理提供了关键的科学依据和技术支撑，为"十三五"战略层面流域湿地栖息地恢复和生态系统综合管理提供了新视角和途径。

《海河流域湿地栖息地完整性恢复及保障技术》呈现了最新的科研成果，针对如何保障流域湿地栖息地完整性这一基础科学问题，以本领域国际最新研究成果和栖息地完整性评价模型作为理论和方法支撑，以海河流域湿地生态系统为研究案例，探索海河流域不同时空水系构型和流量特征，进行水生态单元、水系和流域/子流域尺度下三维物理完整性评价，研究不同环境流量和人为胁迫对河流物理完整性的影响机制，开展流域湿地栖息地恢复的深层次机理与解决对策的研究；针对不同的湿地栖息地特征，开展面向海河流域栖息地改善和生态恢复的技术集成与优化。

期待该书的出版能在多尺度湿地栖息地完整性保障和流域水生态系统管理方面引起相关管理部门的关注和学术界的积极探讨，从不同学科角度共同开展跨学科的科研探索，努力为国家湿地生态保护与恢复积累重要的科学数据和提供有力的科技支撑。

中国工程院院士

北京师范大学环境学院教授

2017 年 3 月 22 日

前　言

流域作为一个完整的生态系统，以生态水文过程为中心，流域生态系统过程之间的相互作用具有其综合性和复杂性。其中，湿地生态系统对于流域生态系统服务功能中水循环、养分循环、调蓄洪水、水量和能量平衡、环境净化和栖息地等方面具有不可替代的重要作用。其作为重要的栖息地为鸟类、鱼类、底栖生物、浮游生物和高等植物提供繁殖和生活的场所，同时也是物质与能量进行交换的重要生态单元。

本书基于流域生态系统完整性理论与方法，以海河流域湿地生态系统为研究案例，探索海河流域不同时空水系构型和流量特征，辨析栖息地完整性概念与内涵，明确水生态单元、水系和流域/子流域尺度下三维栖息地完整性评价体系，定量描述不同环境流量和人为胁迫对河流物理完整性的影响机制，通过物理、化学和生物完整性的案例分析，开展流域湿地栖息地恢复机理与保障技术研究。

本书分为三篇共 8 章。

第一篇：栖息地完整性恢复与保障理论基础。包括第 1 章和第 2 章。

第二篇：栖息地完整性评价及案例分析。包括第 3 章、第 4 章、第 5 章和第 6 章。

第三篇：栖息地完整性保障技术与展望。包括第 7 章和第 8 章。

本书分工如下：

前言由刘静玲完成；第 1 章由刘静玲、尤晓光完成；第 2 章由史璇、刘静玲、杨涛完成；第 3 章由刘静玲、杨涛、张璐璐完成；第 4 章由刘静玲、李毅、孟博、孙斌完成；第 5 章由孟博、刘静玲、孙斌完成；第 6 章由张璐璐、刘静玲、李毅、尤晓光完成；第 7 章由刘静玲、尤晓光完成；第 8 章由刘静玲、尤晓光、史璇、孟博、孙斌完成；全书统稿人为刘静玲、尤晓光、孙斌。

作者在本书写作过程中得到北京师范大学环境学院杨志峰院士、中国科学院生态环境研究中心单宝庆研究员和水利部海河流域水资源委员会水资源保护局林超副局长给予的真诚指导与帮助，在此一并表达我们团队衷心的感谢！

本书研究得到"十二五"期间国家水体污染控制与治理科技重大专项"海河流域生态完整性影响机制与恢复途径研究"（项目编号：2012ZX07203-006）、"长江学者和创新团队发展计划"项目（项目编号：IRT0809）和北京师范大学学科交叉建设项目的资助。

　　流域湿地生态恢复之路任重而道远，需要环境保护管理部门与相关政府、企业、科研单位以及全社会共谋良策，兼顾生态、环境和社会效益，为从根本上改善环境质量进行理论方法、技术和管理创新与优化，以实现绿色发展。

作　者

2017 年 3 月于北京师范大学

目　　录

第二篇　栖息地完整性评价及案例分析

第三篇　栖息地完整性保障技术与展望

第一篇　栖息地完整性恢复与保障理论基础

第1章 绪 论

1.1 流域湿地栖息地完整性保障的必要性和紧迫性

流域是水资源管理活动的单元（Poff et al.，1997；Gupta，2008），是由河流、湖泊、沼泽、森林、草原和城市子系统构成的异质性区域和巨型复合生态系统。流域生态系统拥有三大基本功能：维持流域水循环过程，保障陆地生态系统结构和功能完整性以及陆地生态系统与海洋生态系统物质循环和能量收支平衡；满足流域内子生态系统的生态需水；提供一定质与量的水资源用于生产、生活和经济发展（杨志峰等，2005）。出于防洪抗旱、工业生产及农业灌溉的需要，人们在流域内河流上下游间修建了大量的闸坝。据估计全球 140 个国家共修建了 48 000 个大型闸坝和 800 000 个中小型闸坝，其中 2/3 的超大型闸坝位于发展中国家，河流的纵向连续性受到极大的破坏。同时，大量污染物排入河流，河岸带植被破坏、外来物种入侵、水土流失及河道固化造成河流的生态服务功能丧失，破坏了流域湿地栖息地完整性。

从 20 世纪 40 年代，美国渔业与动物保护组织为保护渔业生产，提出河流生态需水概念，到目前流域尺度下，针对子生态系统生态过程需水量、子生态系统之间生态过程与生态功能需水量、河流生态需水与河流生态系统结构及功能的耦合关系的研究已有 70 多年的历史。生态需水强调生态系统各组成要素维持其正常结构和功能所必需的水量。河流环境流量（environmental flow）是在生态需水（ecological water demand）概念基础上提出的一种更具实际操作意义的河流水生态系统管理概念和模式，即保证河流生态服务功能，维持或恢复河流生态系统基本结构与功能所需的最少流量（或最少水量）。

河流环境流量的计算方法可分为水文学方法、水力学方法、水文-生物分析法、生境模拟法、综合法和生态环境功能设定法。在实际应用中需根据河流规划、管理目标，恢复目标、不同用水情景、研究区域特征和经济预算而选择（Acreman and Dunbar，2004）。国际上前沿的研究者多是在流域尺度下以恢复河流生态功能或保护目标生物种群为目标确定生态需水量，或以恢复河流基本结构及功能为目标确定环境流量。也有学者认为应从维持生态系统-社会经济系统健康角度综合考虑河流环境流量所必需的特定流量、频率和时间（Gupta，2008）。由于河流水生态系统在时间和空间尺度上的差异性,应在纵向、横向和垂向三个维度,针对河道、湿地及河口三类子系统,根据其生态退化的不同程度,按照优、中和差三个等级进行环境流量的恢复(杨志峰等,2005)。杨志峰等针对海河流域平原型河流的空间结构特征及各河段的空间连通关系,提出了简单式、汇流式、分流式、组合式、交叉式和河口式六种河道环境流量整合计算模型,为其他流域平原型河流环境流量的计算提供了有益的借鉴。目前,世界范围内的河流,受人类水资源开发活动的不利影响,闸坝众多,河流纵向连续性普遍受损,仅有少数河流具有天然的流量分布特征,根据这些水文数据准确估计子流域内不同类型河流的环境流量,是河流生态恢复的基础。流域尺度下,常规水文监测站点仅设于少量典型水系上,水文计算和河流环境流量评估经常面临长序列水文监测资料缺乏的问题。Alcázar等(2008)采用人工神经网络数学模型,以具有天然流量分布特征的水文数据对西班牙埃布罗河流域河流的环境流量进行了评估,较好地解决了环境流量计算中长序列水文数据不足的问题。Alcázar 和 Palau(2010)构建了流域尺度下河流水文情势、地形地貌评估指标体系,通过主成分分析法、聚类分析方法,基于具有天然流量分布特征的水文监测数据,将流域划分为若干具有相似水文情势和地形地貌特征的子流域,应用多元线性回归模型建立各子流域的环境流量评估模型,为流域管理者提供了可操作性较强的环境流量评估方法。

海河流域具有人为干扰强度大且水资源、水环境和水生态复合环境问题突出的特征,平原河流严重退化已引起学术界和政府部门的高度重视(王浩和杨贵羽,2010)。目前,流域生态风险管理已成为水资源和水环境管理的发展趋势(Liu et al.,2011)。基于生态风险控制和生态完整性恢复的流域管理目标,对退化湿地进行生态需水量的科学配置,已成为流域社会经济可持续发展的需要(杨志峰等,2005;杨志峰,2012)。高强度人为干扰下水环境风险加剧,流域不同时空尺度下的自然-社会-经济耦合生态系统结构与功能的变化,呈现出水文-环境-生态的综合响应,湿地生态系统完整性既是亟待解决的科学前沿和热点问题,也是我国海河流域湿地生态完整性恢复急需的科学依据和技术支持(Kristensen et al.,2011;刘静玲,2012,2014)。

1.2　栖息地完整性恢复与保障技术研究进展

1.2.1　栖息地完整性概念与研究进展

生态系统是一个包含物理、化学和生物组分及其相互作用的复杂系统(黄宝荣等,2006)。完整性(integrity)指生态系统支持和保护其生物要素和非生物要素间平衡、完整和相互适应的属性。生物要素包括河流生态系统内部所具有的完整食物网结构，非生物要素指所属地区自然栖息地所有的河流地形地貌、水文情势、气候变化、河道与河岸带景观格局要素和进程。生态完整性指生态系统生物要素和非生物要素相互作用并组成一个有机整体，其生态系统过程和生态系统功能的完整性。生态完整性具有以下三个方面的特征：

（1）生态健康状况较好，生态系统具有自我维持和良性发展的能力。

（2）在一定的阈值范围内，生态系统受到外部胁迫时具有较强的抵抗力和恢复力，能恢复其正常的结构和功能。

（3）自组织能力较好，即生态系统具备结构和功能更加稳定、更加完善的能力。

河流生态完整性是栖息地完整性、化学完整性和生物完整性的综合体现。化学完整性指水体化学要素整体质量的优劣，可用水质指数（water quality index，WQI）表征。生物完整性指水生生态系统生物群落结构及功能的完整性，可用生物完整性指数表征（Ganasan and Hughes，1998；黄宝荣等，2006）。

1.2.1.1 栖息地

目前，世界范围内的河流生态系统，受到人类直接和间接的影响，普遍退化严重（Maddock，1999）。出于航运及控制洪水的需要，许多天然河道被人为裁弯取直，河岸带植被及河流水生栖境失去了原有的多样性。同时，由于供水、控制洪水、电力生产和流域间调水的需要，修建了大量的闸坝、水库等水利设施，改变了河流自然的流动性特征、水陆循环特征及河道物理结构，加剧了水资源短缺和水生态系统的退化（Petts，2009；Boon，1992）。

栖息地是河流生态系统的重要组成部分，良好的栖息地环境是保持河流生态完整性的必要条件（张远等，2007）。对河流栖息地各组成要素进行定性和定量的分析，可识别河流水生态系统外部胁迫因子和退化原因。河流水生态系统的生产力由以下四个关键因素决定：水质、能量收支平衡（温度、有机物和营养构成）、河道物理结构（宽度、湿周、断面形态、坡度、底质构成、糙率、河岸带组成及结构）和流量分布。河道物理结构和流量分布构成了河流生物栖息地环境的主要因子（Stalnaker，1979）。河流水生态系统地貌过程决定河流形态，进而决定河流生物要素的生境结构，而良好的生境结构是其生态健康的基础。基于不同的尺度、研究目的和研究人员的主观认识，栖息地评价方法也不同。尺度的正确选择将影响河流栖息地评价结果的客观性，不同尺度下的河流栖息地评价需要采用不同的评估指标体系和方法（图1-1）。按照尺度由小到大，河流栖息地可分为枯枝落叶、底质、浅滩、深塘等微观栖境，河段、基质、斑块、廊道等中观栖境，以及水系和流域等宏观栖境（赵进勇等，2008）。

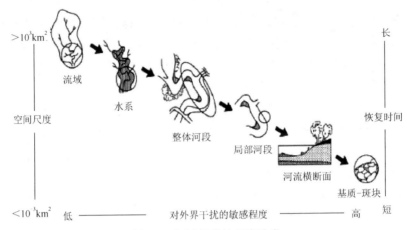

图 1-1　河流栖息地尺度分类

尺度越小，河流栖息地对外界扰动越敏感，生态恢复所需时间就越短（Frissell et al.，1986；Petts et al.，1989）；反之，恢复的难度就越大，恢复所需时间就越长。Harper 等（1995）基于河道物理结构特征及流量分布特征的关系、河流物理环境及其栖居者的关系，认为河流栖息地是一个包括河流地形特征、河道形态特征、流动性特征（能流、物流、信息流）、使用特征、河岸带土地利用特征、景观特征、娱乐特征等七项特征（表 1-1），并影响哺乳动物、鸟类、植被、鱼类、底栖无脊椎动物及陆生动物分布的综合体。Maddock（1999）认为河流栖息地是水生生物重要的生存空间，其时间和空间上的变化机制由河流的形态结构特征和水文交互作用机制共同决定。

表 1-1　河流栖息地特征

河流栖息地特征	属性指标	参考文献
流域地形、地貌特征	水系面积（km²）、河道平均坡度、河道平均高度、流域土壤最大持水量、土壤最大下渗量	Alcázar et al.，2008
河道形态特征	河道比降（河道最高点高程-最低点高程）、蜿蜒度	夏霆等，2007 Alcázar et al.，2008
河流流动性特征	纵向连续性（闸坝控制河段长度/总河长）、横向连续性（河床固化面积/总河床面积）	夏霆等，2007 张远等，2007
河流使用特征	河流使用功能（饮水供给、灌溉、排污、泄洪、景观娱乐、水产养殖）	Maddock，1999
河岸带土地利用特征	河岸带土地利用类型（耕地、道路、缓冲林带等）	张远等，2007
河流景观特征	河流景观丰富度（河岸带廊道、斑块丰富度）	Maddock，1999

1.2.1.2　河流栖息地评价

河流栖息地评价是河流栖息地完整性评价的重要组成部分。Downs 和 Brookes

（1994）提出了包括河漫滩土地利用方式、河岸带组成及结构、底质构成、河流物
理结构和流域地形特征五项要素的河流栖息地评价方法，该方法需要对整个流域
的地质、地形地貌进行调查，野外调查工作量大且以所选河段的栖息地特征代表
整个流域内所有河流的栖息地特征，带有一定的主观性。随后，Barbour 等（1996）
对美国佛罗里达州河流栖息地开展了大量的野外调查，并提出包括底质构成、堤
岸稳定性、流量变化、河道形态改变、河岸带植被保护程度等十项要素的河流栖
息地评价方法和评价指标体系，美国环境保护局（Environmental Protection
Agency，EPA）将该方法推荐为河流栖息地标准评价方法，并在世界范围内得到
广泛应用。Navratil 等（2006）对法国卢瓦尔河流域、塞纳河流域和加仑河流域
16 条河段的河道形态进行了调查（表 1-2），并提出根据河道堤岸形态的突变点判
断河流平岸流量的大小和发生频率（图 1-2）。Orr 等（2008）对英国的河流调查
方法进行了分类（表 1-3），并提出了河段尺度下河流栖息地调查指标（表 1-4）。

表 1-2　河段尺度下河道形态调查指标

河段编号	河流与河段位置	集水区面积/km^2	地质类型	月平均最少流量/（m^3/s）	平岸流量QBI/（m^3/s）	两年期洪水流量/（m^3/s）	河段坡度/（°）	溢流河宽/m	中等沉积物粒径D_{50}/mm	河岸带植被种类
—										

注：① 地质类型为石灰岩或其他地质类型；
　② 月平均最少流量为 5 年统计期；
　③ 平岸流量由河道横断面最大高度和水文监测站点水位-流量关系曲线确定（图 1-2）；
　④ 粗略的沉积物尺寸通过观察区分，卵石（$\phi > 60$mm），砂粒（3mm$< \phi > 60$mm），细沙（0.25mm $< \phi < 3$mm），泥土（0.125mm$< \phi < 0.25$mm），淤泥（$\phi < 0.125$mm）；
　⑤ 植被种类分为无植被（仅有草地）、主要为灌木的稀疏植被、植被护岸、高密度的植被护岸

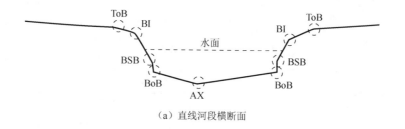

（a）直线河段横断面

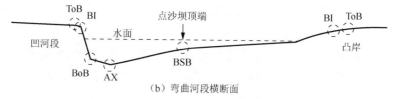

（b）弯曲河段横断面

图 1-2　河流溢流流量的确定

表 1-3　英国的河流调查方法分类

方法	工作基础	应用区域	优点	不足
河流调查法 （Orr et al.，2008）	基于河流形态调查和河流类型划分，改进河流管理	英格兰和威尔士	能获得空间上连续的监测数据	调查获得的多为主观的、半定量数据
河流廊道调查 （Gurnell，1996）	对河流的形态和特征进行描述	英格兰和威尔士	基于分辨率为 500m 的河流地形图，能获得河流栖息地的空间分布信息	非数字化的数据，没有质量控制，在应用中需要校正
河流栖息地调查（river habitat survey，RHS）基于地理信息的河流栖息地调查 （Branson，2005）	调查河道两岸各 500m 河岸的物理形式、流态、群落生境及特征、河道改变、河岸带长度	全英国范围内	基于参照点状况（近自然状态下）得出监测点栖息地质量评分和人为改变评分，可得到有价值的栖息地质量图和洪泛平原栖息地质量图	对河流物理形态和栖息地发展趋势缺乏预测能力

表 1-4　河段尺度下河流栖息地调查指标

变量	变量属性
洪泛平原宽度和山谷宽度	—
满槽宽度和深度	持续时间、出现时机
径流深和主导的群落生境	主导群落生境、浅滩、深塘
植被覆盖	占左岸及右岸长度的比例
河岸带乔木的分布	连续分布、半连续分布、分散分布
河床植被覆盖	大型藻和丝状藻所占比例
河床主导基质类型	砂石、卵石、淤泥
河岸主导基质类型	左岸和右岸受侵蚀状况，河岸带土地利用类型
河岸主导结构	左岸和右岸
底质输移模式	—
人为改变	蜿蜒度、河道拓宽、河岸带植被破坏
管理压力	河道清淤
底质来源	河岸、山坡
主导流态	每种流态所占比例
河道改变	人为裁弯取直、边坡固化

　　我国的河流栖息地评价研究起步较晚，尚属于初步探索阶段，研究多集中于目标生物的微观栖境恢复，未对河流生物组分特征、物理结构特征、横向、纵向和垂向连续性特征、水文和水质特征进行综合考虑。张远等（2007）参照 Barbour 等（1996）提出的河流栖息地评价方法，按照底质、栖境复杂性、速度-深度结合、堤岸稳定性、河道变化、水量状况、植被多样性、水质状况、人类活动强度、河岸带土地利用类型十项指标对辽河流域河流栖息地质量进行了评价，为我国北方

河流栖息地评价提供了方法借鉴。夏霆等（2007）基于层次分析法，以镇江市古运河为例，对城市河流栖息地进行了评价，是城市河流栖息地评价的有益探索。在宏观尺度及微观尺度上，河流栖息地评价的主要方法如表 1-5 所示。

表 1-5　河流栖息地评价方法

评价类型	方法	空间尺度	应用实例	参考文献
微观栖息地评价	栖息地适宜度模型分析法：基于专家判断和野外调查(流速、底质、宽度、深度、水质)，以模糊聚类法构建生物栖息地适宜度模型	生物微观栖境	比利时兹瓦姆河生物栖境评价	Mouton et al., 2009
	水生生物活力模型：分析底质、水深、流速及河岸带植被覆盖类型等小尺度指标，识别可为目标物种利用的栖境质量和数量	生物微观栖境	PHABSIM 模型	Bovee, 1996
中观栖息地评价	现场调查河段形态(宽度、深度、蜿蜒度、宽深比)、底质类型、大型水生植物、对指标值进行统计分析	河段	丹麦的 54 条中型河流栖息地评价	Kristensen et al., 2011
	栖息地质量指数法	河段	辽河流域河流栖息地质量指数（habitat quality index，HQI）	Binns and Eiserman, 1979; 张远等, 2007
	栖息地打分法	河段	Barbour 等对美国佛罗里达州河流栖息地开展的调查评估	Barbour et al., 1996
宏观栖息地评价	基于历史水文、地形数据及流域数字高程模型（digital elevation model, DEM）图、流域地形图、流域植被类型图、流域土地利用类型图，识别河流水文、河岸带土地利用、河道形态、河道坡度等地形地貌特征	流域	Rosgen 栖息地分类方法 河流栖息地调查方法 栖息地制图法	Rosgen, 1996

河流栖息地评价今后还应在以下方面开展研究。

（1）针对不同水生态功能分区，建立河流栖息地调查和评估方法及指标体系。不同的水生态功能区，水体的使用功能及管理目标也不同。因而，针对不同的水功能区划，制定适宜的河流栖息地调查方法及栖息地评估指标体系，是流域尺度下水资源规划和管理、水生态恢复研究的新方向。

（2）恰当选择参照河流。河流栖息地评估，应选择人为干扰较小的河段作为参照，并确定相关指标的背景值，是客观评价河流栖息地完整性的前提。

（3）分级、分类制定具有规范性的河流栖息地评价指标体系。针对不同的水生态功能分区，基于不同的时间及空间尺度和河流的生态退化特征，分级、分类制定具有规范性的河流栖息地评价指标体系，正确识别流域尺度下不同类型河流栖息地的外部胁迫因子及退化程度，按照不同的优先次序、恢复等级和恢复对策恢复退化河流的栖息地，是强人为干扰下平原河流生态完整性恢复的基础。

1.2.1.3　河流栖息地完整性

河流与河岸带组成了复杂的生态系统，栖息地、水文情势、水质及生物要素四个因素相互作用、相互影响，构成了河流栖息地完整性（Lorenz et al.，2015；张晶等，2010a；董哲仁等，2010；Fernández et al.，2011）。河流水生态系统中各组分在三个维度空间上相互作用：纵向、横向和垂直向。Vannote 等（1980）提出了河流连续体（river continuum concept）的概念，认为河流从源头、中游到下游，河流水生态系统的宽度、深度、流速、流量、水温等物理变量具有连续变化的特征，是一个连续的整体系统，在纵向、横向及垂直向三个维度上，河流水生态系统结构、功能与河流栖息地具有相互适应性和整体联系性。Ward 和 Stanford（1983）在河流连续体概念的基础上，提出了河流四维理论模型（图 1-3），认为河流水生态系统在纵向、横向、垂向和时间尺度上具有连续性分布特征。

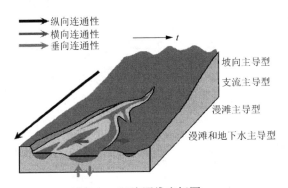

图 1-3　河流四维坐标图

河流纵向连续性指的是从河流上游山前带集水区到下游河口区域，水文情势、水力条件组成和生物要素的连续程度，包括河流上游、中游、下游空间结构和景观格局的异质性，以及河流在纵向维度上的自然蜿蜒性，是河流生态健康的一个重要性质。横向连续性指的是河流生态系统与河岸带过渡带生态系统间能量交换、物质循环过程的连续性。河流生态系统在横向上通过河漫滩、浅潭、深塘、河岔、岸坡集水区与陆地生态系统相连通，以水域-湿地-陆地的连续形式具备完整的能流、物流和信息流交换，保证了水陆生态系统的能流、物流和信息流交换的连续性及河流水生生物-河岸带两栖生物-陆地动物的自由迁徙。在垂直向上，河流生态系统的连续性指的是河川径流与地下水的相互转化，伴随河流底质、土壤、地下水与地表径流间物质和能量的流动和转化。自然条件下的河流生态系统，有着连续的地表水-地下水交换机制，地下水通过土壤的毛细作用保持地表的湿润，地表水通过渗漏、渗透补充地下水。对于北方干旱和半干旱地区的季节性河流，这一过程尤为重要，枯水期河流径流量减少，河流水位降低，地下水补充地表水，丰水期河流水量增加、水位增高，地表水补充地下水，保证了河流水文循环机制的完整性。在流域尺度下，河流的栖息地完整性包括河段尺度下河流栖息地的完整性及河流纵向、横向和垂向三个维度的连通性。纵向连通性指的是河流上游、中游、下游水文、水生生物群落分布的连通性及水生生物物种迁徙通道的畅通性。横向连通性指的是河流横穿洪泛平原与河岸带廊道、基质、斑块，能量流、物质流和信息流交换通道的连通性，通常包括河流水生态系统横断面的多样性、岸坡的透水性和多孔性、河岸带水陆交错带、洪泛平原及湿地等子生态系统的连通性。河流水生态系统的横向连通性是其与陆地生态系统在能量流动、物质交换和水文循环的连续性和稳定性的重要保障。垂向连通性指河流与地下水相互补给通道的畅通性及水文演化机制的连续性。

因此，流域尺度下，河流水生态系统的栖息地完整性包括河段尺度下河流栖息地的完整性和横向、纵向、垂向三个维度上的连通性，需要综合考虑河道、洪泛平原内湿地及河口三类子生态系统的结构和功能特性，并且应包括水文情势和流态、河流景观地貌、水质和生物要素四大类要素。

1. 水文情势和流态

Poff 等（1997）认为河流的水文情势（hydrological regime）可用流量、频率、持续时间、出现时机和变化率等参数表示。水文情势是河流栖息地完整性的重要组成要素，河流生物群落的组成和结构及其生物过程与河流特定的水文情势具有高度的相关性（Knight et al.，2008）。周期性（通常以年为单位）的水文情势变化为水生生物、河岸带过渡带水陆两栖生物和涉禽等生物的生命活动提供了必要的条件。周期性的洪水脉冲将河道与洪泛平原动态地联系在一起，促进了河流生态系统与陆生生态系统间的能量流动和物质循环，同时也为河流水生态系统的正向演替提供了重要条件。

河流流态（flow regime）指的是河流的水力学因子构成，由流速、水深、湿周、水面宽、水力坡度、河床糙率等水力学因子构成，是水生栖境的重要组成要素。水生生物均有其适宜生存的特定水力学条件，任何水力学要素的改变都会对水生生物的生存及繁衍产生不利影响。

2. 河流景观地貌

河流景观地貌（river landscape and morphology）构成了河流的景观格局（landscape pattern）。在景观尺度下，河流廊道景观格局的异质性为河流与洪泛平原及湿地保持连通性，为河流生态系统和河岸带过渡带生态系统间能量流动、物质循环和信息交换的畅通提供了物理保障。同时，河流形态是栖息地保护和恢复的决定性因素（Hauer et al.，2013）。

3. 水质

水质（water quality）指的是水体质量的好坏，是水体物理特性、化学特性和生物特性的综合体现。良好的水质是水生生物正常生存的必要条件。

4. 生物要素

生物要素（biotic component）主要涉及浮游动物和底栖生物，它们是河流生态系统食物链的重要组成部分，是鱼类的食物来源，同时又是河流底质构成和栖境复杂程度的重要标志，浮游动物的群落组成和结构能很好地表征河流主河道与洪泛平原连通性及洪泛平原栖息地复杂性（Górski et al.，2013），也能较好地表征栖息地完整性的优劣。

1.2.1.4　河流栖息地完整性评估

流域尺度下，河流栖息地完整性评估需综合考虑河流形态（Orr et al.，2008）、底质构成、河流水文情势和生物要素的质量及其整体属性。Elosegi 等（2010）认为河流空间复杂性、连通性和动力机制是影响河流生物多样性和生态功能的三项水文形态要素。Dunbar 等（2010）通过对丹麦和英国中东部常流性河流栖息地、流量和大型底栖无脊椎动物持续性观测，认为河流适宜的宽深比和流速深度结合、清洁的底质是河流栖息地完整性的两项关键要素，并且决定了大型底栖无脊椎动物的群落分布和多样性。Kristensen 等（2011）基于如下的河流分类方法对丹麦低洼区域 54 条河流典型横断面的河道形态指标（宽度变异系数 CV_W、深度变异系数 CV_D、蜿蜒度 Si、宽深比 W/D、河流栖息地环境指标（底质构成、大型水生植被覆盖面积比例）进行了调查，以人为干扰较小的河流为参照，通过对这些指标进行统计分析，对该区域河流栖息地完整性恢复状况进行了评估：

（1）小河流：宽度 0～2m，流域面积<10km^2，河长<2km。

（2）中型河流：宽度 2～10m，流域面积 10～100km^2，河长 2～40km。

（3）大型河流：宽度>10m，流域面积>100km^2，河长 40km。

Mathon 等（2013）对美国佛蒙特州 1292 条河流栖息地、地貌特征以及鱼类和大型底栖无脊椎动物的群落结构特征进行了调查，基于整体回归神经网络模型对栖息地质量指数、地貌形态指数、鱼类及大型底栖无脊椎动物完整性指数进行了响应关系分析，认为河流栖息地结构和质量是影响河流生物要素结构（以鱼类和大型底栖无脊椎动物完整性指数表示）的关键要素（占所有评价要素权重的69%）。

1.2.2　环境流量恢复与保障研究进展

由于河流水生态系统具有较大的时空差异性，在不同的时空尺度下，环境流量的设定也不同。在河段尺度下，杨涛等（2007）以渭河宝鸡市区段为研究对象，对其河道功能进行了界定，采用 Tennant 法和最少月平均流量法对渭河宝鸡市区段不同时段（各月）的河道环境流量进行定量研究，并分析了月环境流量保障水平，为渭河宝鸡市区段水资源的合理调配提供了科学依据。在流域尺度下，Yang 等（2009）基于地理信息系统（geographic information system，GIS）空间叠加分析技术，根据流域地形结构格栅图、水系图，以干旱指数、径流深将黄河流域划分为 35 个子流域，并计算了每个子流域的环境流量，结合流域水资源现状，提出了流域环境流量配置和保障方案，为黄河流域水资源管理提供了科学依据。河流环境流量 6 种研究方法的研究尺度及方法对水文、水生态监测数据的要求依次提高，计算精度和预测准确度也相应提高（表 1-6）。

表 1-6　河流环境流量研究方法（尺度、研究区和生态安全阈值）

方法分类	代表方法	尺度	研究区	工作原理	参考文献
水文学法	水文模型分析法	流域尺度	希腊斯特里蒙河流域	用 MIKE11-NAM 模型分析流域水平衡，再根据历史流量分布曲线确定现状水量对应的环境流量	Doulgeris et al., 2012
	Tennant 法	河段	美国中部平原河流	年平均流量的 10%作为水生生物生长最低限度，年平均流量的 30%作为水生生物满意流量，60%~100%为最佳流量	李亚伟等, 2010
	水文-区划法	流域尺度	西班牙北部埃布罗河流域	在流域尺度下，利用主成分分析法对流域内水文指标和地形、地貌指标进行删减，再用聚类分析将水文、地形和地貌归类，确定子流域的环境流量	Alcázar and Palau, 2010
水力学法	河流生物栖息地评价和恢复法	河段	美国中部平原河流	根据水深和流速与鱼类种群变化的关系，对河流的环境流量进行分析，评估河流栖息地的保护水平	Tharme, 2003
水文-生物分析法	水文-鱼类种群动力学指标法	流域尺度	西班牙托马斯河流域上游（山区）	基于野外调查并收集近 20 年水文数据，建立虹鳟鱼种群动力学指标（鳍长增率、体长增率和生物量增率）与河流水文情势统计量线性回归关系，确定对虹鳟鱼生长状态最佳的河流流量	Alonso-González et al., 2008
生境模拟法	PHABSIM 法	河段	美国中部平原河流	运用一维水动力模型估算低流量状态下的需水量，或模拟典型流速状态下的需水量	Tharme, 2003
	IFIM 法	河段	美国中部平原河流	利用水力模型预测水深、流速等水力参数，与生境适宜性标准相比较，计算适于指定水生物种的生境面积，描述河流流量变化对河流生态系统的影响	Tharme, 2003
综合法	建块法	河段	南非河流生态系统	组成多学科专家小组，根据实地调查结果，通过情景模拟和水文流量分析，建立生态环境需水量评估模块模型，以典型河流断面的水文数据资料为基础，综合考虑四个模块的关系，提出不同的环境流量保障方案	Hughes and Hannart, 2003; King et al., 2003
生态环境功能设定法	生态功能分区法	流域尺度	中国黄河流域、海河流域	将流量或河道按照生态功能要求划分为若干个生态单元，在每一个生态单元内计算环境流量	杨志峰, 2006

注：IFIM（instream flow incremental methodology）法即河道内流量增加法

　　成功设定河流的环境流量需准确理解河流流量事件与河流地形地貌演化过程及河流水生生物代谢、生存和繁衍内在响应机制间的相互关系，而水生生物对河流流态（如流量、持续时间、频率、周期及变化率）的响应通常是非线性的，并且存在关键的阈值关系（Shafroth et al.，2010）。模块法根据专家对河流底栖生物、水生植物、鱼类、河岸带植被、河道物理形态与河流流量变化响应关系的专业判断（Tharme，2003），弥补了河流野外生态调查周期长、费用高的缺点，将模块法与桌面（计算机）分析法结合使用（Hughes and Hannart，2003），通过对流量的统计分析，推导出河流在不同时间尺度下维持其特定生态功能所需要的流量，对水资源的科学配置及退化河流生态功能的恢复具有较好的指导意义（Mazvimavi et al.，2007）。研究河流环境流量必须结合其不同的使用功能和恢复目标综合考虑，即使是同一条河流，其上游、中游、下游通常具有不同的使用功能，对应不同的恢复目标（King et al.，2003）。在众多水生生物中，鱼类作为淡水生态系统的顶级水生生物，对流量变化非常敏感，其群落结构可作为敏感指标分析河流流态与水生生物的响应机制（Poff et al.，2010）。对于较大的平原型河流，还可应用鱼类生物量法研究河流环境流量（陈敏建等，2007）。

　　河流的断面形态（断面宽、湿周、河道坡度、主槽深）是河流水力因子（流速、流量）长期作用的结果。Stewardson（2005）调查了澳大利亚 17 个河段 54 个断面的断面形态和水力因子，并得出如下河流水力形态关系经验公式：

$$W_b = 7.7Q^{-0.56} \tag{1-1}$$

$$W_b = 2.7Q_b^{0.56} \tag{1-2}$$

$$D = \frac{n^{\frac{3}{5}}}{W_b S^{\frac{3}{10}}} Q^{\frac{3}{5}} \tag{1-3}$$

式中，W_b 为河道满槽水面宽（m）；Q 为河流断面平均流量（m³/s）；Q_b 为河道漫滩流量（m³/s）；D 为断面平均水深（m）；n 为河床糙率；S 为横断面河道坡度。

　　通常河道形态的突变点与河流不同的水生态过程相联系（图1-4）。这些河道形态的突变点分别与河流最少环境流量、适宜环境流量和最多环境流量对应。基本环境流量是河道浸润（满足基本的土壤需水，水面高于河道最低点）到堤岸形态改变的最低点（满足底栖生物、浮游动植物、沉水植物代谢需水、保证河流的基本流动体系特征），同时也是河流水面蒸发、河道下渗和水生生物基本代谢活动所需消耗水量的和（Merritt et al.，2010）（图1-5）。适宜环境流量对应于河道底部以上至堤岸坡度改变的突变点，包括河流消耗性需水（如水面蒸发需水、下渗需水、挺水植物蒸散发需水）、河岸带植被蒸散发需水和非消耗性需水 [如维持河流栖息地指示植物芦苇（*Phragmites Communis*）栖息地需水量〕之和；最大环境流量为河道最低点以上至堤岸形态突变部分的顶端，包括河流消耗性需水、河岸带植被蒸散发需水和非消耗性需水及河道与洪泛平原能流、物流循环需水。

图1-4　河流环境流量与河道断面形态关键点关系

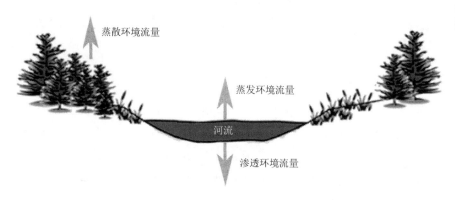

图1-5　最少环境流量与河流基本生态过程的关系

1.3　小　　结

相关领域的学者针对河流栖息地完整性评价与恢复等方面已经开展了很多研究，但在如何界定河流栖息地完整性的科学内涵并识别平原河流栖息地完整性的构成要素，如何构建综合考虑流域水资源规划、生态风险降低和水环境改善的平原河流环境流量计算模型，以及如何辨识不同尺度下河流栖息地完整性的胁迫因子并确定相应的阈值及河流栖息地完整性恢复的等级和优先次序等方面还存在很多值得进一步探索的问题。

第2章　海河流域湿地栖息地恢复的理论体系

2.1　栖息地完整性恢复的理论基础

1. 平原河流栖息地完整性评价方法

基于生态完整性理论，根据海河流域平原河流生态退化特征，识别平原河流栖息地完整性的构成要素和胁迫因子，并构建可定量表征其属性的评价方法和评价指标体系。

2. 平原河流环境流量计算模型

构建基于河道、湿地及河口三类子生态系统水力连通关系，以河流水力连通完整性为目标的环境流量计算模型，探寻丰水年、平水年、枯水年及汛期和非汛期的河流水文年际与年内变化特征，构建基于河流水力连通完整性，以生态风险降低和水环境改善为目标的环境流量计算模型，为水资源高效利用和栖息地完整性恢复提供环境流量保障。

3. 平原河流栖息地完整性恢复-环境流量保障

分析平原河流生态功能与栖息地完整性的相互关系，揭示流域、水系和子生态系统三个不同尺度下生态风险分异，确定河流环境流量保障率与生态风险水平响应关系的阈值。在此基础上基于不同来水情景，分析不同情景和不同尺度下的环境流量保障率，识别不同情景下流域的生态风险水平，计算海河流域平原河流栖息地完整性恢复环境流量，并根据现状水量计算海河流域平原河流栖息地完整性恢复需配置环境流量（图2-1）。

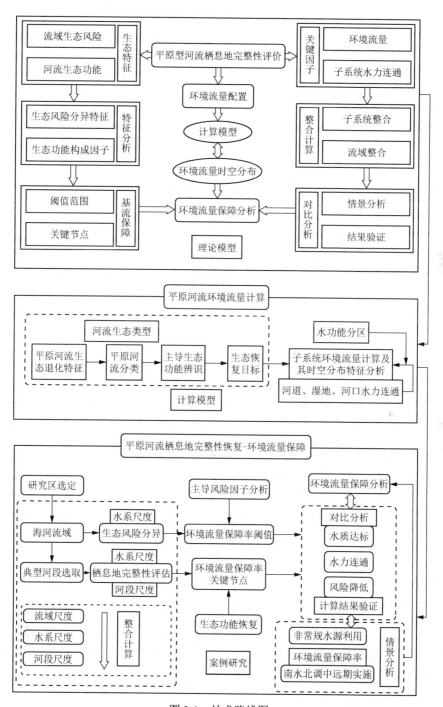

图 2-1 技术路线图

2.2　海河流域湿地栖息地问题辨析

2.2.1　水资源现状

海河流域水资源总量为 372 亿 m^3，人均水资源占有量为 305m^3，仅为全国平均水平的 1/7，世界平均水平的 1/27。流域主导气候为亚洲季风气候，冬季寒冷干燥，夏季炎热多雨。流域年均降水量为 379.2～583.3mm，年降水量的 75%集中于 6～8 月的雨季，其中北部地区在 80%以上，南部地区在 70%～80%（Wan et al.，2005；Xia et al.，2006）。降水地区差异较大，具有降水空间分布不均的特征。流域多年平均降水量 539mm，其中山区 527mm，平原 556mm。沿燕山、军都山、太行山迎风坡有一条年平均降水量大于 600mm 的多雨带，降水依次沿弧形山脉向两侧减少，从而造成流域水资源整体格局在时空分布上的高度异质性特征。海河流域水资源量总体不足和时空分布的高度异质是流域水资源的两大基本特征。

海河流域属于经济较发达地区，其平原区形成了以北京、天津和唐山为中心的京津冀都市圈，人口密度高，工业生产和生活用水需求巨大。1995～2007 年，海河流域总供水量为 344 亿～432 亿 m^3，由于地表水资源严重缺乏，地下水是流域的主要水源，其供水量及供水比例均呈连续增长趋势。流域年均地表水资源量为 148 亿 m^3，年均地表水供水量为 99 亿 m^3，地表水开发利用率为 67%，远远超过了国际公认的 40% 的合理上限。平原区年平均浅层地下水资源量 141 亿 m^3，年平均开采量为 172 亿 m^3，浅层地下水开发利用率为 122%。平原区浅层地下水总体上处于严重超采状态。此外，平原区还超采了深层承压水，年平均开采量为 39 亿 m^3，形成了总计 6 万 km^2 的浅层地下水超采区和 5.6 万 km^2 的深层地下水超采区（曹寅白等，2014）。流域多年平均水资源总量 291 亿 m^3，水资源利用量（不含引黄水和深层承压水开采量）316 亿 m^3，河口入海水量逐年减少，年均入海水量 20 世纪 50 年代为 241 亿 m^3，60 年代为 161 亿 m^3，70 年代为 116 亿 m^3，与 50 年代相比，分别减少了 33.20%和 51.87%（户作亮，2010），严重干扰了河口的水沙平衡和水盐平衡，导致河口泥沙淤积、水质恶化、海水倒灌、河口面积减少和生物多样性降低。流域水资源开发利用率已达 108%。高强度的水资源开发利用导致河流环境流量严重缺失。

2.2.2　水环境现状

以 2007 年为例，流域城市用水量约 104 亿 m^3，废污水产生量约为 52 亿 m^3，其中 27 亿 m³ 未经处理直接排入河道，剩余 25 亿 m³ 进入城市污水处理厂，处理后排放 18 亿 m³（另有 7 亿 m³ 作为再生水供应城市用水）。

2009 年对流域内 94 个断面进行水质监测的结果[化学需氧量（COD）、NH₃-N、溶解氧（DO）等指标]表明，断面水质达标率仅为 43%。其中，劣 V 类断面为 59 个，占全部监测断面的 63%（水利部海河水利委员会，2009）；在 4204km 评价河长中，Ⅳ 类水质河段长 217.5km，V 类水质河段长 356.6km，劣 V 类水质河段长 3619.9km，分别占总评价河长的 5%、8% 和 86%，水功能区 72% 的河段未达到目标水质要求。平原区河流水质受到严重污染。

海河流域的水污染源主要是工矿企业生产废水和城镇生活污水。根据 2007 年《海河流域水资源公报》，流域主要的排污行业为化工、造纸、电力、食品和冶金等。2007 年，全流域废污水排放总量为 54.60 亿 t，其中，滦河水系废污水排放量 7.60 亿 t，占流域废污水排放总量的 13.92%；北三河水系废污水排放量为 16.53 亿 t，占流域废污水排放总量的 30.28%；永定河水系废污水排放量 2.89 亿 t，占流域废污水排放总量的 5.29%；海河水系废污水排放量 1.23 亿 t，占流域废污水排放总量的 2.25%；大清河水系废污水排放量 5.69 亿 t，占流域废污水排放总量的 10.42%；子牙河水系废污水排放量 18.24 亿 t，占流域废污水排放总量的 33.41%；黑龙港及运东水系废污水排放量 1.37 亿 t，占流域废污水排放量的 2.51%；漳卫河水系废污水排放量 1.03 亿 t，占流域废污水排放总量的 1.89%；徒骇马颊河水系废污水排放量 0.01 亿 t，占流域废污水排放总量的 0.02%。

2.2.3　河流物理栖息地现状

高强度的水资源开发利用，造成河道普遍干涸断流，平原区河流大都退化为季节性河流。在流域一、二、三级支流的近 10 000km 河长中，4000km 河道长年干涸。干涸河道主要有永定河三家店以下、大清河南系各水库以下、子牙河山前各水库以下、黑龙港水系及南运河、漳卫新河等，如永定河卢沟桥—梁各庄段河道干枯、沙化严重。河流环境流量由城市废污水和农业灌溉退水组成，基本无天然径流，形成了"有河皆干，有水皆污"的局面。目前，平原区河流干枯、断流严重，根据 2000～2005 年的水文统计资料，在海河流域平原区 21 条主要河段 4005km 河长中，河道年均干涸长度 1721km，占总河长的 44%，年均断流 216 天；2007 年水功能区 2519km 河段干涸，占水功能区总河长的 59.91%（户作亮，2010）。此外，出于防洪和供水灌溉的需要，流域内共建有闸坝 2846 座，且大多位于平原区，阻断了河流在纵向上的生物迁徙、能量流动和物质循环过程，河流纵向连续性受到极大的破坏，河道已呈现出明显的湖库化特征。

河流环境流量长期无法保障，河流干枯、断流严重，造成了河流栖息地完整性严重破坏。在沿燕山、军都山、太行山山区和上游地区，由于降雨丰沛，水资源量充足，河流栖息地完整性总体较好。而在中部平原段，城市高强度的水资源开发利用，以及河流上游水库拦截蓄水，河道闸坝林立，造成河流断流，极大地破坏了河流的纵向连通性。加之城市废污水超负荷排放，污水等非常规水源补给成为海河流域平原区河流环境流量的主要水源，破坏了河流正常的结构和功能，生态服务功能丧失，河流退化。由于河流环境流量长期无法保障，干涸河道内杂草丛生、河道沙化、土壤盐分累积。山前平原与河道两岸附近的浅层地下水位持续下降，河流冲积沙地和砂质褐土、砂质潮土、砂质草甸土等耕地沙化，沙土随风迁移造成覆盖沙地。近 30 年来，流域内"沙化"土壤面积不断扩大。沙化土壤从冀西地区发展到冀南衡水—邢台一带并向京津地区扩展。滦河沿岸、永定河下游、大清河及子牙河水系、滏阳河及漳河两岸等洪泛区因土壤脱水，土壤沙化呈扩散趋势。

水污染和水资源短缺加速了湿地的退化过程，除白洋淀和部分洼淀修建成水库外，大部分的洼淀都已消失或退化。根据 2005 年流域湿地普查，流域内湿地面积仅 727.8km^2，较 20 世纪 50 年代相比湿地面积减少了 72%（曹寅白等，2014），即使将 30 多座大型水库和 100 多座中型水库计算在内，流域内湿地面积仅有 2000km^2 左右，与 20 世纪 50 年代相比湿地面积减少了 35%。湿地面积锐减，导致湿地生物多样性丧失、湿地退化，弱化了湿地调节气候、水资源调蓄和为湿地动植物提供栖息地的生态服务功能。

2.3　河流栖息地完整性评价模型

2.3.1　水系尺度下河流栖息地完整性评价方法

河流栖息地评价须基于不同的尺度分类，研究尺度不同，河流栖息地评价方法和相应的指标体系也不同。本章在流域、水系和典型河段尺度下分别选择研究区。水系尺度下河流栖息地完整性评价选择大清河水系、天津城市水系和滦河水系三个典型水系进行。因为滦河水系在海河流域受人为干扰程度最小，生态完整性水平最好，所以作为栖息地完整性评价参照水系。河段尺度下平原河流栖息地完整性评价选择流域内重污染、人为季节性生态补水型河流滏阳河为研究区；平原河流环境流量计算及时空分布特征分析分别以滦河水系、海河北系、海河南系和徒骇马颊河水系四大水系，以及滦河水系、北三河水系、永定河水系、海河干流水系、大清河水系、子牙河水系、黑龙港及运东水系、漳卫河水系和徒骇马颊河水系九大水系为研究区；典型生态单元生态风险分异和环境流量保障率阈值分析以滦河水系、海河北系、海河南系和徒骇马颊河水系四大水系为研究区，本章在上述研究的基础上提出河流栖息地完整性恢复的环境流量保障和配置方案。

2.3.1.1　水系尺度下河流栖息地完整性评价指标体系

基于海河流域平原型河流强人为干扰的特征，本章参照 Barbour（1996）对美国北部河流栖息地调查采用的调查方法、夏霆等（2007）的城市河流栖息地评价方法及郑丙辉等（2007）的辽河流域河流栖息地评价方法，构建了海河流域平原河流栖息地现场调查记录表（附表 1）及水系尺度下河流栖息地完整性评价指标体系（表 2-1）。

表 2-1　水系尺度下河流栖息地完整性评价指标和标准

时间：　　　年　　月　　日　　　　采样断面名称：

经度：　　　　　　　　　　纬度：　　　　　　　　海拔：

指标类型	河流栖息地完整性评价参数	评判等级				
		好	较好	一般	差	极差
河流形态、结构	底质构成指数（夏霆等，2007）	>0.50	0.25~0.50	0.10~0.25	0.05~0.10	<0.05
	栖境复杂性指数（张远等，2007；Barbour et al.，1996；Maddack，1999）	>0.80	0.60~0.80	0.30~0.60	0.15~0.30	<0.15
	堤岸稳定性指数（张远等，2007；Barbour et al.，1996；Maddack，1999）	>0.60	0.30~0.60	0.15~0.30	0.05~0.15	<0.05
	河道蜿蜒度（夏霆等，2007）	>200%	160%~200%	140%~160%	120%~140%	<120%
外部胁迫	河岸带人类活动强度指数（张远等，2007；Barbour et al.，1996）	<0.20	0.20~0.40	0.40~0.60	0.60~0.80	>0.80
河岸带特征	河岸带植被缓冲带宽度指数（夏霆等，2007）	>0.60	0.40~0.60	0.20~0.40	0.10~0.20	<0.10
水文水动力	环境流量保障率（杨志峰等，2005）	>0.80	0.60~0.80	0.40~0.60	0.20~0.40	<0.20
	纵向连续性指数（夏霆等，2007）	>0.80	0.60~0.80	0.40~0.60	0.20~0.40	<0.20
	横向连续性指数（夏霆等，2007）	>0.90	0.70~0.90	0.50~0.70	0.30~0.50	<0.30
	水功能区水质达标率（张晶等，2010b）	>0.60	0.40~0.60	0.20~0.40	0.10~0.20	<0.10

1.　底质构成指数

河流底质为底栖生物、沉水植物、挺水植物、浮游动物、浮游植物和鱼类提供了最直接的栖息环境。底质的组成性质及结构配比直接影响到这些生物的生存繁衍，河流底质构成类型越多、结构越复杂，则可为水生生物利用的栖息地就越多，水生生物的生物多样性也就越高。

底质构成指数=监测点河道 4m² 范围内沙砾底质分布面积/4m²

2. 栖境复杂性指数

栖境复杂性是河流生物栖息地类型及构成的多样性程度，栖境复杂性越高，则生物栖息地可提供适宜生物生存的空间也就越多，若河道底质以淤泥或细砂为主，则认为河流栖境复杂性为零。

栖息地复杂性指数=监测点河道 25m² 范围内复杂栖境数量/25m² 栖境总数量

注：复杂栖境指枯枝落叶、水生植物和石质底质；简单栖境指淤泥或细砂。

3. 堤岸稳定性指数

堤岸稳定性指河流堤岸受到人为干扰而遭受侵蚀的程度。堤岸受人类活动干扰越强烈，越不稳定，在径流冲刷作用下河道边坡不稳定，河道就容易发生沉积物堆积，河道也越容易发生淤积和堵塞。

堤岸稳定性指数=监测点两侧 50m 观察范围内堤岸未发生侵蚀的长度/50m

4. 河道蜿蜒度

天然的河道形态通常是蜿蜒曲折、纵深前进的。出于控制洪水、引水灌溉和开发洪泛平原的需要，河道被人为裁弯取值，河道边坡人为固化，极大降低了河道天然形态的多样性，浅滩、深塘等天然栖境的丰富度降低，不利于物种多样性的形成。

河道蜿蜒度=沿河流中线两点间的实际长度/该两点间直线距离

如图 2-2 所示，河道蜿蜒度为

$$D_w = \frac{L_\theta}{L_a}$$

式中，L_θ 为沿河道中心线 A，B 两点间的曲线长度；L_a 为 A，B 两点间的直线距离。

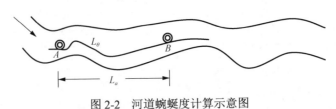

图 2-2 河道蜿蜒度计算示意图

5. 河岸带人类活动强度指数

河岸带人类活动强度指河岸带两侧人类干扰活动的强度，如河岸带被开发为道路，大、中型机动车行驶，农村生活垃圾随意堆放，河岸带采砂，河岸带天然植被破坏等人为干扰活动。

人类活动强度指数=监测点两侧 50m 范围内大、中型机动车行驶和
河岸带采砂的距离/50m

6. 河岸带植被缓冲带宽度指数

河岸带指河流水生态系统与陆地生态系统交界处至河流水力影响消失的区域，是陆地生态系统和水生态系统的交错带，是最典型的生态过渡带。河岸带具有十分明显的边缘效应（吴阿娜，2005），具有较高的生物多样性、复杂的生境、较强的面源和点源污染吸附及分解能力。天然河流都具有一定宽度的河岸植被缓冲带，不仅可以滞纳污染物，还为陆生生物、水生生物和两栖生物提供丰富的生境以及为人类提供景观、文化休闲和娱乐等生态服务功能。因此，用河岸带宽度指数来评估河岸带状况，评估河岸带受人类干扰状况与自然状况的差距，从而更好地保护和恢复河岸带交错带的结构及功能，改善河流水生态系统的健康水平。

河岸带植被缓冲带宽度指数=监测点河岸两侧各 50m 范围内
植被带宽度/50m

7. 环境流量保障率

环境流量是保障河流基本的结构和功能所需的最少水量，环境流量保障率反映了河流现有水量满足维持河流基本结构和功能所需水量的程度。

环境流量保障率=枯水期河流水量（亿 m^3）/环境流量（亿 m^3）

8. 纵向连续性指数

河流纵向连续性表明河流连续体天然流态过程的持续性和连续性，是河流水生态系统物质流动和能量循环的重要环节，是河流水生态系统发挥正常结构和功能的必要条件，同时也是水生物正常生存和发展的根本条件。

河流纵向连续性指数=1-河流纵向 100km 范围内闸坝的个数/6.0

9. 横向连续性指数

横向连续性指数表征河流横向连通程度，反映河道人工化对河流横向连通的干扰程度。

横向连续性指数=1-河道边坡固化面积/河道侧面面积

10. 水功能区水质达标率

水功能区是流域水资源规划和管理部门按照河流的主导生态功能划分的水资源管理区域，是水资源配置、使用和水环境管理的重要依据。水功能区水质达标率反映了河道子系统现状水质符合目标水质的程度。

水功能区水质达标率=水功能区目标水质达标河长（km）/河段总长度（km）

2.3.1.2 水系尺度下河流栖息地完整性评价方法及标准

由于上述 10 项水系尺度下河流栖息地完整性评价指标均无量纲，将上述 10 项栖息地完整性评价指标进行等权求和，其中河岸带人类活动强度指数越大则河流栖息地完整性受损越严重，故该指标取负值。根据水系尺度下河流栖息地完整性判定标准（表 2-2），对河流栖息地完整性进行综合评判。

表 2-2　水系尺度下河流栖息地完整性综合评价标准

项目	好	较好	一般	差	极差
河流栖息地完整性指数（PHI）	>8.0	6.0～8.0	4.0～6.0	2.0～4.0	<2.0

2.3.1.3 水系尺度下河流栖息地完整性评价指标值获取方法

通过恰当的方式获得评价指标值，是客观评价河流栖息地完整性的基础，指标值采集方法在一定程度上影响评估结果的正确性和科学性。上述 10 项栖息地完整性评价指标值的确定分为收集资料和查阅文献、野外实地调查观测、拍照等辅助方式三类。

（1）收集资料和查阅文献。水功能区水质达标率可查阅 2000～2010 年《海河流域水资源公报》和相关文献确定，监测断面所属河段的河流环境流量保障率基于已有平原河流环境流量计算结果（杨志峰等，2005；Yang et al.，2013a），根据前述环境流量保障率计算公式确定。

（2）野外实地调查观测。河岸带、河流地貌形态以及流态方面的评估，采用野外实地调查观测的方式获得。野外实地调查观测主要包括获得河岸带状况、河流地貌形态以及河流流态的定性、定量评估（吴阿娜，2005）。

（3）拍照等辅助方式。对于河岸带状况以及河流形态等方面的评估，人为主观判断须辅以拍照等方式记录下不同断面的状况，并进行对比分析，可增大其评价的客观性。如前所述，河流栖息地按照尺度由小到大的功能分类，可分为斑块、河段、水系和流域。对于水系及流域等大尺度栖息地特征指标，可借助遥感解译等手段分析流域地形、地貌和土地利用类型变化特征，还可借助 SWAT 模型（美国农业部农业研究中心 1994 年开发的一种工具）等方法评估流域水文特征。

2.3.2 河段尺度下平原河流栖息地完整性评价指标体系

2.3.2.1 河段尺度下平原河流栖息地完整性评价方法

本节根据海河流域平原型河流的生态现状和水资源利用特征，以本书第 1 章提出的河流栖息地完整性内涵为依据，构建平原河流栖息地完整性概念模型（图 2-3）。基于该概念模型构建平原河流栖息地完整性评价指标体系，综合表征河流水文水资源、水环境、物理栖息地和生物结构状况评价平原型河流栖息地完整性。这 10 项指标为年均流量偏差 VAF、环境流量保障率 GEF、生态需水保障率 GEWD、地表水资源开发利用率 ESWR、地下水资源开发利用率 EUWR、水功能区水质达标率 AWR、纵向连通性指数 LoC、河流水力几何形态指数 RHGI、河岸带植被覆盖率 RVCI，以及水生生物多样性指数 AOSD。其中，年均流量偏差、环境流量保障率、生态需水保障率、地表水资源开发利用率、地下水资源开发利用率综合表征河流水文和水资源特征；水功能区水质达标率表征河流水环境质量的优劣；纵向连通性指数表征河流在纵向上受闸坝控制的程度；河流水力几何形态指数表征河道的水文形态特征；纵向连通性指数和水力几何形态指数表征河流的物理栖息地状况；河流水生生物多样性指数和河岸带植被覆盖率表征河流的生物结构状况。

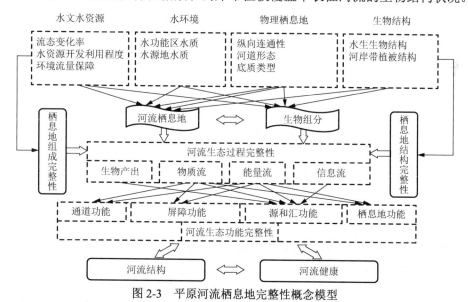

图 2-3 平原河流栖息地完整性概念模型

指标体系界定如下。

（1）年均流量偏差：

$$VAF = \frac{Q_p - Q_a}{Q_a} \times 100\% \qquad (2-1)$$

式中，Q_p 为现状水文年（2000～2010 年）多年平均径流量（m³/s）；Q_a 为历史水文年多年平均径流量（19 世纪 60 年代）（m³/s）。Q_p 及 Q_a 根据控制水文站长系列水文数据计算。

（2）环境流量保障率：

$$GEF = \frac{Q_d}{Q_e} \tag{2-2}$$

式中，Q_d 为 1956～2010 年枯水期平均水量（亿 m³/年）；Q_e 为河流环境流量（亿 m³）（户作亮，2010）。

（3）生态需水保障率：

$$GEWD = \frac{Q_n}{Q_c} \tag{2-3}$$

式中，Q_n 为 1956～2010 年控制水文站年平均径流量（亿 m³/年）；Q_c 为水文站控制流域内生态需水量（亿 m³/年）。

（4）地表水资源开发利用率：

$$ESWR = \frac{W_e}{W_t} \tag{2-4}$$

式中，W_e 为流域年均地表水开发利用量（亿 m³/年）；W_t 为流域多年平均地表水资源量（亿 m³/年）。

（5）地下水资源开发利用率：

$$EUWR = \frac{W_a}{W_g} \tag{2-5}$$

式中，W_a 为地下水年均开发利用量（亿 m³/年）；W_g 为地下水资源年均储量（亿 m³/年）。

（6）水功能区水质达标率：

$$AWR = \frac{L_a}{L} \tag{2-6}$$

式中，L_a 为水功能区水质达标河段长度（km）；L 为河段总长度（km）。

（7）纵向连通性：

$$LoC = \lambda \tag{2-7}$$

式中，λ 为每百千米长河段平均的闸坝个数。

（8）河流水力几何形态指数：

$$RHGI = \frac{b}{f} \tag{2-8}$$

式中，b 为河流断面平均宽度指数；f 为河流断面平均深度指数。

河流水力几何形态关系为幂函数关系式，通常与河流断面在某一特定流量下的水面宽、水深、平均流速有关。河流水力几何形态关系平均宽度指数 b 和平均深度指数 f 以 SPSS 统计软件的曲线估计功能确定。

（9）水生生物多样性指数以浮游动物香农-维纳指数计算：

$$H' = -\sum P_i \left(\ln P_i \right) \tag{2-9}$$

式中，P_i 为 i 物种个数占采集到物种总个数的比例。

（10）河岸带植被覆盖率：

$$\text{RVCI} = \frac{S_v}{100\text{m}^2} \tag{2-10}$$

式中，S_v 为河岸带 100m^2 范围内植被覆盖面积（m^2）。

评价指标体系由 3 层构成，第 1 层为指标层，由 10 项评价指标构成；第 2 层为要素层，由 4 项决定平原河流栖息地完整性的要素构成；第 3 层为功能层，由 4 项栖息地完整性功能要素构成。

2.3.2.2　河段尺度下平原河流栖息地完整性评价标准的确定原则

基于生态系统结构与功能相互联系的原则，根据海河流域平原河流的生态现状，构建河段尺度下平原河流栖息地完整性评价标准需满足以下原则。

1. 生态完整性和生态健康原则

由于受到强人为干扰，河流栖息地完整性无法恢复到原始状态，河流栖息地完整性评价及生态恢复须基于河流的生态现状、生物组分和非生物组分的构成特征以及河流生态系统的结构特征，生态系统结构和功能完整性，即生态完整性和生态健康原则是河流栖息地完整性评价最重要的原则。

2. 管理等级

本章中，平原河流栖息地完整性划分为 5 个等级，即非常好、好、稳定、临界状态和差。

3. 评价目标的完整性

河流栖息地完整性评价不仅可综合识别栖息地优劣，还可识别栖息地完整性的外部胁迫因子。

4. 时间及空间尺度

作为一类复杂的生态系统类型，河流生态过程和结构在不同的时间及空间尺度下是不同的。因此，构建平原河流栖息地完整性评价标准须基于特定的时间及空间尺度。

2.3.2.3　河段尺度下平原河流栖息地完整性评价标准的建立

评价标准的科学确定，对客观确定评价结果非常重要。基于海河流域水资源开发利用特征、水文情势状况及平原河流生态现状，研究者构建了水文水资源评价标准，即年均流量偏差、环境流量保障率、生态需水保障率、地表水资源开发利用率、地下水资源开发利用率（龙笛和张思聪，2006；户作亮，2010；熊文等 2010；张晶等 2010a，2010b）；水环境评价标准，即水功能区水质达标率（户作亮，2010）；物理栖息地评价标准，即纵向连通性指数和河流水力几何形态指数（黎明，1997；Jowett，1998；Stewardson，2005；Turowski et al.，2008；Navratil and Albert，2010；Kristensen et al.，2011）；生物结构评价标准，即水生生物多样性指数和河岸带植被覆盖率（Merritt et al.，2010；户作亮，2010）。河段尺度下平原河流栖息地完整性评价标准列于表 2-3，其中环境流量保障率、河流水力几何形态指数、地表水资源开发利用率和地下水资源开发利用率的构建，需特别说明。

（1）环境流量保障率：考虑到海河流域水资源现状，用最优环境流量保障率（包括上限和下限）划分环境流量保障率的评价标准，以最优环境流量比率、适宜环境流量比率和基本环境流量比率来确定环境流量保障率评价标准中的非常好、好和稳定。

（2）河流水力几何形态指数：根据平原河流的形态特征，河流上、下游形态差异以及世界其他区域平原河流的水力几何形态指数，分别以欧洲莱茵河、美国中西部常流性河流、美国半干旱地区的季节性河流、美国怀特河和黄河下游辫状河段的河流水力几何形态指数确定平原河流河流水力几何形态指数标准的管理等级。

（3）地表水资源和地下水资源开发利用率：地表水和地下水资源开发利用率在流域尺度下计算。

表2-3　河段尺度下平原河流栖息地完整性评价标准

指标	VAF	GEF	GEWD	ESWR	EUWR	AWR	LoC	RHGI	AOSD	RVCI
单位	%	%	%	%	%	%	个/km	—	—	%
非常好	−40～0	≥40	≥80	10～20	30～40	≥80	0～1	0.120～0.375	≥3.5	100
好	−60～−40	30～40	60～80	20～30	40～50	70～80	1～2	0.375～0.650	2.5～3.5	80～100
稳定	−80～−60	20～30	40～60	30～40	50～60	60～70	2～4	0.650～0.805	1.5～2.5	60～80
临界状态	−90～−80	10～20	30～40	40～50	60～70	50～60	4～6	0.805～1.050	1～1.5	40～60
差	−100～−90	≤10	≤30	≥50	≥70	≤50	≥6	1.050～1.560	0～1	≤40

2.3.2.4　优化的灰关联度模型

灰系统理论最初由华中科技大学邓聚龙教授于 1982 年提出，该理论用于对系统部分特征明确、部分特征难以确定的复杂的灰系统进行定量描述（Hao et al., 2006）。灰关联分析是以灰关联度定量描述灰色系统的方法。对于灰关联分析，通常评价指标为一个特定值，而评价标准为一个区间值，若将其在直角坐标系内表示即评价指标为一个点，而评价标准为一系列曲线。因此，灰关联度即为点到曲线的最近距离。为计算评价指标到评价标准的最近距离，需要构建参照矩阵和比较矩阵。

1. 参照矩阵（数列）确定

设定 $X_0 = \{x_0(k)|k=1,2,\cdots,n\}$，其中，$X_0$ 为参照矩阵（数列），即河流栖息地完整性评价指标体系，$x_0 k$ 为第 k 个河流栖息地完整性评价指标，k 取值为 $1\sim10$，且 n 为 10。

2. 比较矩阵确定

设定 $X_i = \{x_i(k)|k=1,2,\cdots,n\}(i=1,2,\cdots,m)$，其中，$X_i$ 为比较矩阵，即河流栖息地完整性评价指标，$x_i(k)$ 为第 i 评价等级的评价指标。本章中每项平原河流栖息地完整性评价指标均被划分为 5 级，故 $i=5$。此外，为便于在同一量纲下比较评价指标，需要对评价指标进行归一化处理。设定 $M_i(k)$ 为第 k 个评价指标在所有评价等级中的最大值。设定 $\{N_0(k)\}$ 为归一化的参照矩阵，则归一化的评价指标值可表示为

$$N_0(k) = \frac{x_0(k)}{M_i(k)} \tag{2-11}$$

3. 灰关联系数的确定

灰关联系数表征参照矩阵与比较矩阵的最近似程度，即河流栖息地完整性评价指标与评价标准间的最近似程度，灰关联系数为 $\xi_i = \left\{ \xi_i(k) \middle| k=1,2,\cdots,n \right\}$，则灰关联系数可由下式确定：

$$\xi_i(k) = \frac{\min\limits_i \min\limits_k + \rho \max\limits_i \max\limits_k \Delta_i(k)}{\Delta_i(k) + \rho \max\limits_i \max\limits_k \Delta_i(k)} \tag{2-12}$$

式中，$\Delta_i(k) = \left| N_0(k) \sim x_i(k) \right|$ 为归一化参照矩阵 $\left\{ N_0(k) \right\}$ 与归一化比较矩阵 $\left\{ x_i(k) \right\}$ 的绝对差。差异系数 ρ 对于评价的精确度具有重要意义。在灰关联分析的过程中，灰关联系数 ρ 越小，则灰关联分析的精度越高。在灰关联分析中，灰关联系数 ρ 通常取值为 0.05（沈珍瑶和谢彤芳，1997）。

4. 灰关联模型的优化

绝对差 $\Delta_i(k)$ 基于归一化的参照矩阵和比较矩阵的相对大小确定，设定 $a_i(k)$ 为比较矩阵 $\boldsymbol{X}_i(k)$ 中第 k 个评价指标在第 i 个等级归一化值的上限值，$b_i(k)$ 为比较矩阵 $\boldsymbol{X}_i(k)$ 中第 k 个评价指标在第 i 个等级归一化值的下限值。由于河流生态系统是一类复杂的生态系统类型，其组成要素具有很大的时空差异性特征。在特定的时空尺度下，准确辨识河流栖息地完整性组成要素指标值与栖息地完整性评价标准的相对隶属关系是栖息地完整性评价的核心和关键。将参照矩阵与比较矩阵的最近距离转化为同一坐标轴内点到区间端点的距离，根据点与区间的隶属关系，计算绝对差。对照矩阵与比较矩阵的绝对差 $\Delta_i(k)$ 在本书中做如下优化（图 2-4）：

$$\Delta_i(k) = \begin{cases} a_i(k) - x_0(k), & x_0(k) < a_i(k) \\ 0, & a_i(k) \leqslant x_0(k) \leqslant b_i(k) \\ x_0(k) - b_i(k), & x_0(k) > b_i(k) \end{cases} \tag{2-13}$$

优化后，可准确计算出各评价断面每项栖息地完整性评价指标值与 5 个评价等级各项标准的绝对差。将其应用于河段栖息地完整性评价，平价过程简单，易于被河流管理者理解和接受。优化的灰关联分析法还可应用于河流生态功能、生态完整性和生态健康评价（Yang et al.，2013b）。

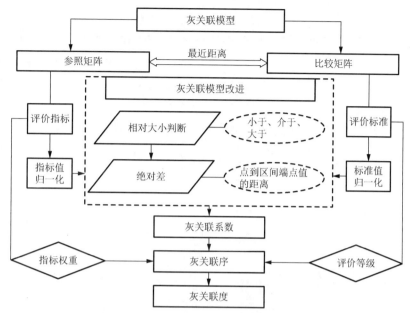

图 2-4　优化的灰关联概念模型

5. 灰关联度的确定

参照矩阵与比较矩阵的灰关联度，以每个评价指标与评价标准的灰关联系数与对应权重的乘积求均值确定：

$$\gamma_i = \frac{1}{n}\sum_{k=1}^{n}\xi_i(k)\times\theta_k \qquad (2\text{-}14)$$

本章以权重区分各项栖息地完整性评价指标的相对重要性，并以层次分析法确定 10 项评价指标的权重。其中，θ_k 为以层次分析法确定的第 k 个评价指标的权重，n 为灰关联系数的个数，$n=10$。

6. 灰关联度由大到小排列

灰关联矩阵由灰关联度按照由大到小的顺序构成。灰关联度反映了参照矩阵 X_0 与比较矩阵 X_i 的最近似程度（Hao et al.，2006）。灰关联度 γ_i 越大，则参照矩阵与比较矩阵越接近。参照矩阵与比较矩阵的灰关联度取灰关联矩阵内元素的最大值。

2.4　环境流量保障技术

2.4.1　栖息地完整性恢复环境流量概念模型

概念模型的构建是方法选择的客观依据（Liu et al.，2011），本章基于流域水功能分区、水生态现状和水生态恢复目标，通过辨识河道子系统上游及下游、湿地子系统、河口子系统在水功能区的空间分布关系和河流主导生态功能的差异，构建基于水力连通完整性，以河流生态风险控制、水环境改善为目标的平原河流环境流量概念模型（图2-5），并基于该概念模型分别构建基于水力连通完整性的河流环境流量计算模型和基于栖息地完整性恢复的环境流量计算模型，为水力连通完整性环境流量计算和河流栖息地完整性环境流量计算提供模型基础。

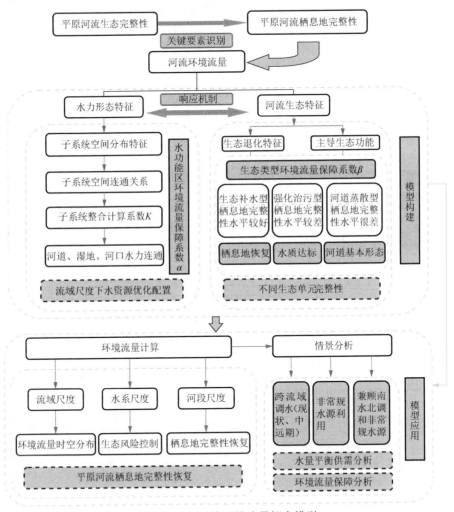

图 2-5　平原河流环境流量概念模型

2.4.2　栖息地完整性恢复环境流量计算模型

2.4.2.1　生态风险降低环境流量计算模型

以生态风险指数表征河流的生态风险水平，若现状生态风险水平下河流的环

境流量保障率为 GEF_P，生态风险降低为目标生态风险水平的环境流量保障率为 GEF_O，则河流生态风险降低的环境流量 GEF_{ER} 以如下的公式计算：

$$GEF_{ER} = EFR_{HC} \times (GEF_O - GEF_P) \qquad (2\text{-}15)$$

式中，EFR_{HC} 为河流水力连通完整性环境流量。

2.4.2.2　水质达标环境流量计算模型

以 DO 作为水质指标，考虑污染物的扩散稀释与水体 DO 的关系，河段水质恢复的环境流量采用 Streeter-Phelps 模型预测，为计算方便，起始断面 DO 浓度以水功能区现状水质估计，终止断面 DO 浓度以目标 DO 浓度 5mg/L 估计（终止断面 DO 浓度为 4~6mg/L，取均值为 5mg/L），Streeter-Phelps 模型为

$$\begin{cases} u\dfrac{dC}{dx} = -k_d C \\ u\dfrac{dD}{dx} = k_d C - k_a C \end{cases} \qquad (2\text{-}16)$$

式中，C 为水功能区起始断面的生化需氧量（biochemical oxygen demand，BOD）值，以水功能区现状 BOD 值估计（mg/L）；D 为河段 DO 的氧亏值，以目标 DO（5mg/L）减去河段水功能区现状 DO 估计（mg/L）；k_d 为河段 BOD 衰减速度常数（1/d）；k_a 为河段复氧速度常数（1/d）；u 为河段初始断面和终止断面的平均流速（m/s）；x 为河段水功能区的长度（km）。设 V 为全河段的平均流速，则

$$V = \dfrac{\sum_1^n u}{n} \qquad (2\text{-}17)$$

式中，n 为全河段水功能区个数。河段现状水质达到水功能区目标水质的环境流量根据下式确定：

$$EFR_{WQ} = 365 \times 24 \times 3600 \times V \times S \qquad (2\text{-}18)$$

式中，S 为河流断面平均面积（m^2），以河段控制水文监测站点平均大断面宽与平均水深的乘积确定。

2.4.2.3　栖息地完整性恢复环境流量计算模型

根据栖息地完整性恢复的环境流量概念模型，河流栖息地完整性恢复的环境流量 EFR_{HI} 计算应综合考虑水力连通完整性环境流量 EFR_{HC}、水功能区水质达标环境流量 EFR_{WE} 和生态风险降低环境流量 EFR_{ER} 三个部分。考虑生态风险降低环境流量和水质达标环境流量的兼容性，取生态风险降低环境流量和水质达标环境流量的最大值作为考虑河流生态风险和水环境要素需要配置的环境流量，则河流栖息地完整性恢复的环境流量计算模型为

$$EFR_{HI} = EFR_{HC} + Max(EFR_{ER}, EFR_{WE}) \qquad (2\text{-}19)$$

2.5 底栖生境完整性评价模型

河流栖息地物化属性影响生物群落的分布格局，取水调水、土地利用改变、闸坝水库运行等人类活动会对河流流量及流态变化产生较大影响，导致水动力条件减弱，影响河流栖息地物理异质性，造成河流水生生态系统结构功能改变，影响河流生态完整性（Poff and Zimmerman，2010；Gostner et al.，2013；Zhang and Liu，2014）。栖息地适宜度表征栖息地环境要素对水生生物的适宜程度。大型底栖动物易采集鉴定，且移动性较小，能较好地反映生物栖息环境条件，是栖息地适宜度的理想目标水生生物。河段尺度既能反映河段整体情况，又符合生物特性，适用于河流生态恢复及管理，因此中尺度栖息地适宜度是栖息地研究的重要方面。Mouton 等（2006）用 MesoCASiMiR 模型对比利时城市河流栖息地适宜度进行了研究。有学者运用 MesoHABSIM 模型对意大利西北部河流濒危蚌类、高坡度山区一般鱼类等物种栖息地适宜度进行了研究（Parasiewicz，2010；Parasiewicz et al.，2012；Vezza et al.，2014）。中国栖息地适宜度研究也是针对洄游鱼类物种较多，代表性研究为 Yi 等（2010）用栖息地适宜性指数（habitat suitability index，HSI）研究葛洲坝和三峡工程对长江鲤鱼产卵点位的栖息地适宜度影响。李凤清等（2008）以三峡库区香溪河为例，构建基于长期野外实测数据的溪流大型底栖动物栖息地适合度模型。但是，目前研究中环境要素多考虑河流表面流态，缺少对底栖动物而言重要的底部条件参数，目标生物方面也应从关注单一珍稀物种向同时关注群落结构功能特征方向发展。

本节面向流域河流生态完整性恢复目标，从河段尺度出发，探讨中尺度栖息地适宜度概念和内涵。针对当前河流普遍存在的水动力条件弱、人为干扰强的特点，以大型底栖动物作为目标水生生物，以 MesoHABSIM 模型为基础，增加河道底部条件参数和生物群落特征考虑，改进大型底栖动物中尺度栖息地模型。

2.5.1 河流栖息地适宜度概念内涵

河流栖息地适宜度（river habitat suitability，又称栖息地适合度）用来描述某河流环境要素对特定水生生物的适宜程度，通过栖息地适宜度分析，对物种生存、繁殖的生态因子进行综合影响评价（Yi et al.，2010；易雨君等，2007）。环境要素一般包含水深、流速、基质等栖息地属性，水生生物则主要研究反映栖境条件的底栖动物和鱼类等。鱼类和底栖动物是栖息地适宜度研究中常用的目标水生生物，对水动力条件较弱、人为干扰较强的流域而言，底栖动物相较于鱼类更适合作为目标水生生物，原因如下：①水利工程、河道衬砌、加固改造等人类活动导致鱼类数量急剧减少，同时人为放养、垂钓捕捞等对鱼类影响较大，对底栖动物影响相对较小；②底栖动物活动性较低，栖息环境相对固定，更能客观反映栖息地条件，且更适于长期生态监测；③底栖动物广泛分布，易于采集；④底栖动物除能反映水体环境条件状况，也能较好反映河道底部条件及沉积物营养状况等（Jowett，2003；赵茜等，2014）。本节中，栖息地适宜度指一定尺度范围内，河流栖息地水文形态和营养要素等物化属性对特定水生物种、群落或生态系统状态的适宜程度（图 2-6）。

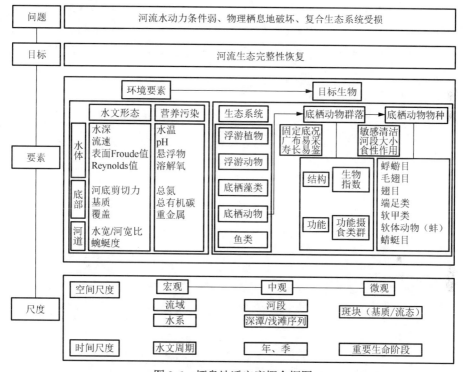

图 2-6　栖息地适宜度概念框图

河段上的中尺度栖息地是当前河流栖息地研究关注的重要尺度，也是栖息地适宜度研究的理想尺度，既能表征河段横断面上栖息地物化属性和水文形态综合特征，又能为子流域生态修复、环境流量计算等提供定量依据（Vezza，2010；Newson M D and Newson C L，2000）。河流生物栖息地根据空间尺度可大致分为宏观栖息地（macro-habitat，流域和水系）、中观栖息地（meso-habitat，河段和深潭/浅滩序列）和微观栖息地（micro-habitat，斑块）3 种类型（赵进勇等，2008；Frissell et al.，1986），栖息地适宜度也具有相应的三个尺度类型。与小尺度相比，中尺度栖息地方法忽略了一些具体细节，可以显示更大时空尺度的生态格局，更能代表整体系统特征，且更符合水生生物活动特性，也更适用于水生态管理（Vezza，2010）。中尺度栖息地是河段尺度上与生物生命周期及活动区域相关的群落生境。meso-habitat 指河道内形象化的具有明显特征的栖息地单元,从河岸能够明显识别,具有显著物理均匀性(Pardo and Armitage,1997)。在 MesoHABSIM 方法中,中尺度栖息地是与物种及其生命阶段相关的特定区域,其水动力结构与提供生物庇护场所的物理属性一起为生物生存和繁殖创造有利条件(Parasiewicz et al.,2012)。中尺度栖息地理论包含的主要概念有水文形态单元(hydromorphologic units)、水动力群落生境(hydraulic biotope)、物理群落生境(physical biotope)、功能性栖息地(functional habitat)等(Newson M D and Newson C L,2000)。本章中,中尺度栖息地适宜度指特定流域水系内,河段(河长约为河宽 10 倍以上)河道内水文形态、营养要素等物化属性年内季节性时空分布特征对目标水生物种的适宜程度,包含对群落结构功能和生态系统状态的适宜程度(图 2-7)。

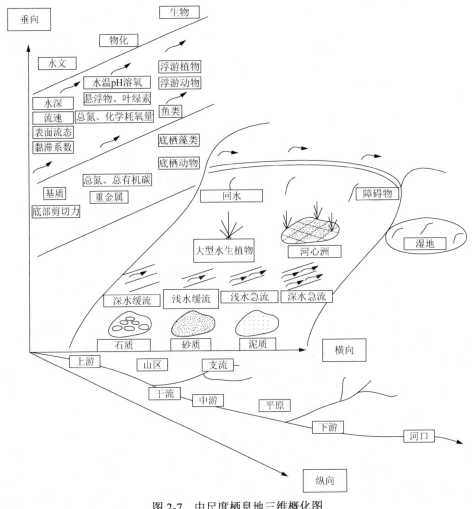

图 2-7　中尺度栖息地三维概化图

2.5.2　中尺度河流栖息地模型方法比较

栖息地模型是研究河流生态功能的有力工具，能够对指示物种的栖息地状况进行定性和定量的评价。栖息地模型能够考虑流量及结构特征改变的效应，一定程度上能预测其影响，流量改变主要影响水深、流速和底质状况，这些都是决定栖息地适宜性的主要因素（易雨君等，2013；蒋红霞等，2012）。与其他方法相比，栖息地模拟法考虑生物本身对物理生境的要求，需要建立物种-生境评价指标（易雨君等，2013）。代表方法包括 IFIM 法、CASiMiR 等，其中 IFIM 框架下的 PHABSIM 模型方法应用最广。这些模型方法均由水文形态模型、生物模型和栖息地模型三部分组成。水文形态模型描述与目标物种相关物理属性的空间格局，生物模型描述栖息地内目标水生生物群落组成结构，栖息地模型定量化计算与流量相关的可用栖息地面积。

中尺度栖息地模型方法在河段尺度上对水文形态单元的栖息地进行模拟，既能整体反映河段水文生态关系，又能对水系流域河流管理和生态修复提供科学参考。常用的中尺度栖息地模型方法有快速栖息地测绘、中尺度定量化方法、MesoHABSIM、MesoCASiMiR 和挪威中尺度栖息地定量化方法等（Eisner et al.，2005；Parasiewicz et al.，2012）。MesoHABSIM 与 PHABSIM 的流量分析模块相近，其与 PHABSIM 相比能较快收集较长河段的覆盖数据（Parasiewicz et al.，2012）。MesoCASiMiR 是在 CASiMiR 模型基础上研发的。针对底栖动物有 CASiMiR-benthos 模型，但因其测定 FST-hemisphere 参数需要运用特定装置，所以测定数据与其他方法的栖息地适宜度可比性不足。因此 MesoHABSIM 方法更适合大型底栖动物中尺度栖息地适宜度研究，常用的 MesoHABSIM 和 MesoCASiMiR 模型方法比较如表 2-4 所示。

表 2-4 MesoHABSIM 和 MesoCASiMiR 模型发展比较及实例

模型方法	模型要素				模型发展及实例			
	主要水文参数	模型原理	开发者	开发时间	现存不足	创新成果	研究区	目标物种
MesoCASiMiR	FST-hemisphere（针对底栖动物）、水深、流速、基质粒径、根植性、覆盖源、水池类型、遮蔽程度、水表面高程数据	偏好函数/模糊模拟规则	斯图加特水利工程研究所	20世纪90年代	FST-hemisphere 特定工具测定，可比性不足，模糊模拟规则主观性较高	Mouton 等（2006）在环境要素中考虑溶氧等水质条件	比利时 Zwalm 河流 5km 河段	四节蜉属（Baetis rhodani）
MesoHABSIM	水文形态单元、覆盖源、基质粒径类型（各单元 7 个位置随机测定）、水深、流速、Froude 值	逻辑回归	马萨诸塞大学	2000 年（2007 年修正）	需补充针对底栖动物河道底部条件的水文形态参数；仅限于单一物种，强化群落结构功能分析	Parasiewicz（2010）引入 "一般鱼"（generic fish）概念，表征相同栖息特征的多物种	模型方法	一般鱼
						Parasiewicz 等（2012）用 CART、River2D、MesoHABSIM 多模型计算濒危蚌类栖息地适宜度	美国 Upper Delaware 河	蚌类（mussel）
						Parasiewicz（2013）确定河流恢复工程的栖息地标准可视化栖息地恢复情景	美国马萨诸塞州 Wekepeke 河	5 种目标鱼类物种
						Vezza 等（2014）应用于高坡度山区河流，补充 BOD、水温、浊度等水质参数	意大利西北部	稀有鲑鱼

2.5.3　大型底栖动物中尺度栖息地模型

大型底栖动物中尺度栖息地适宜度模型在 MesoHABSIM 模型基础上，包含水文形态模型、生物模型、栖息地模型三部分。水文形态模型对一定流量下河流栖息地水文形态和物化属性进行空间表征，得到水深流速的空间分布，针对底栖动物考虑河道底部剪切力和沉积物物化营养要素；生物模型定量化表征目标物种的存在及丰度，在选定目标底栖物种基础上，进一步研究底栖动物群落结构功能特征；栖息地模型对不同流量下生物适宜度进行时空分析，可得到各流量下适宜栖息地面积及分布。

2.5.3.1　水文形态模型

水文形态模型是在栖息地物理条件调查基础上，确定栖息地单元空间分布与变化，以便描绘栖息地条件一致的河段。重点在于描绘各河段栖息地单元的总体分布，估计水文形态单元比例，中尺度栖息地特征、覆盖条件（木质残体、浅水边缘、树冠覆盖阴影、沉水植物等），浅水（≤30cm）、深水（≥1.5m）及深度适中区域，慢流（≤20cm/s）、快流（≥80cm/s）及流速适中区域，同时测定记录水宽（水流宽度）和河宽（满水宽度）及其他河道和河岸特征。聚类分析横断面组合成河段，在各河段选出一个或多个代表性点位用于进一步分析。对各水文形态单元的物理属性用三类别指标（无、存在、大量）进行估计，同时三类别指标也是单元大小的函数。对各水文形态单元随机 7 个位置的平均流速和底部流速、水深、基质进行测定。测定位置数量 7 的依据是统计上最小相关质量的经验值。测定水深和平均流速浅于 1m 区域用流速仪，较深区域用声学多普勒流速剖面仪（acoustic Doppler current profilers，ADCP）。数据输入地理信息系统表格，与对应多边形相关联。

1.　水文形态单元

水文形态单元类型的划分是中尺度栖息地水文形态模型的基础。相近概念还包括群落生境（biotope）、功能性栖息地等，主要根据河流流态（水深、流速）、基质、覆盖条件等对河流栖息地进行分类，得到水文形态单元类型，对各单元环境要素进行定量化空间表征，为生物适宜度计算提供基础。

已有研究对河流类型、栖息地类型等划分主要分为以下四个方面：①河流流态。Newson M D 和 Newson C L（2000）分析 30 余篇文献中物理栖息地类型，底栖生物采样常用的物理栖息地单元有浅滩急流、深水缓流、深水急流、河道间隙/死水/大型水生植物等。②流态-基质类型。MesoHABSIM 模型应用时常用到该分类方法，主要依据水深、流速、河床形状、基质等进行划分，常分为 12 种水文形态单元类型，即浅滩急流、快流、喷流、滑流、过渡流、深水急流、急流、深水缓流、跌水深潭、回水、侧流、浅水缓流等。③覆盖条件主要是功能性栖息地的分类方法，如低地英国河流的主要功能性栖息地包含暴露的岩石巨砾、圆石卵石、沙砾、砂、淤泥、边际植物、挺水植物、浮叶、沉水阔叶植物、沉水细叶植物、苔藓、丝状藻类、落叶层、木质物残体、树根、悬伸植物等（Newson M D and Newson C L，2000）。④考虑土地利用/人为活动干扰主要针对平原河流特别是受人为干扰较强的城市段河流。Davenport 等（2004）研究英国城市河流栖息地时，按基质、物理栖息地特征、植被特征将河段分为近自然（semi-natural，SN）、轻度改变（lightly modified，LM）、改变（modified，M）、中度改变（moderately modified，MM）、重度改变（heavily modified，HM）等类型。

根据当前河流普遍存在的水动力条件弱、人为干扰强烈等特点，考虑以基质作为第一分类级别，流态作为第二分类级别，覆盖条件作为第三分类级别，对生态条件较好的近/自然河流将大型水生植物作为分类依据，对城市河段等则将岸带树木数量和复杂性作为主要覆盖条件分类依据。①基质：以基质作为河流栖息地一级分类依据，主要分为石质（>2mm）、砂质（63μm～2mm）、泥质（<63μm）三大类，该粒径分类是以沉积物粒径 6 类分类标准为基础进行整合（Wentworth，1922）。②流态：水动力条件较弱，流态类型相对较少，在 Parasiewicz 主要水文形态单元中选取典型的浅水缓流、浅水急流、深水缓流、深水急流等四类型，其中：浅水缓流（$d<0.3$m，$v<0.2$m/s）、浅水急流（$d<0.3$m，$v>0.2$m/s）、深水缓流（$d>0.3$m，$v<0.2$m/s）、深水急流（$d>0.3$m，$v>0.2$m/s）。③覆盖条件：分为植生、非植生，并考虑河心洲的存在（图 2-8）。

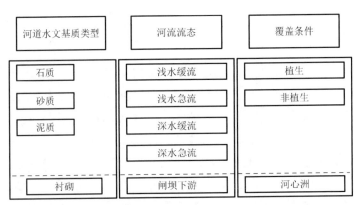

图 2-8　栖息地类型三级分类（水文形态单元类型）

2. 水文形态参数

为建立物理栖息地属性与生物群落存在丰度的逻辑回归关系，应考虑对目标生物影响较大的物理栖息地属性。MesoHABSIM 模型常应用于鱼类栖息地研究，水文形态模型参数中常用到水深、流速、基质粒径、覆盖条件等，近期研究也开始考虑水质环境等条件（Vezza et al., 2014）。研究底栖动物栖息地属性时除考虑以上栖息地物理属性外，还应考虑河道底部条件和影响底栖生物的营养条件等。鱼类 MesoHABSIM 模型应用中对水深、流速综合指标 Froude 值进行分析。Froude 值是能较好表征水体表面扰动的指标，已表明与物种和水文形态单元分布具有较强相关性。针对河流底栖生物，在水文形态参数中增加考虑反映河道底部条件的指标，包含 Reyonds 值、底部剪切力（bottom shear stress）等。本节在 MesoHABSIM 修正模型水文形态参数基础上，选取栖息地基本属性参数（表 2-5）。

表 2-5　栖息地水文形态和基本属性参数

参数类别	参数名称	单位/公式	等级	描述
水文形态参数	水文形态单元	是/否	5	深潭、浅滩急流、快流、浅水缓流、侧流
	水文形态单元纵向连通性	是/否	1	描述中尺度栖息地纵向连通性的二元属性
	覆盖条件	是/否	6	卵石、木冠遮蔽、木质物残体、悬伸植物、沉水植物、浅水边缘
	基质	随机测定比例	12	7 个粒径范围、石质、木质、泥质、植物、动物残体
	水深	随机测定比例	9	以 15cm 为增量分类（0～120cm 范围及以上）
	流速	随机测定比例	9	以 15cm/s 为增量分类（0～120cm/s 范围及以上）
	Froude 值	$Fr = U(gD)^{-0.5}$	1	水文形态单元内均值
	流速标准偏差	cm/s	1	水文形态单元内标准偏差
	河底剪切力	$\tau = \left(\dfrac{v}{5.75 \cdot \log\left(\dfrac{12 \cdot d}{2 \cdot d_{65}}\right)} \right)^2 \cdot \rho$	1	水文形态单元内均值
	Reyonds 值	$Re = \dfrac{v \cdot 4 \cdot d}{v}$	1	水文形态单元内均值
	水宽/河宽	平均水宽/平均河宽	1	水文形态单元内均值
	水文形态多样性指数 D	$D = \left[1 + (\delta_v / \mu_v) \right]^2 \left[1 + \delta_d / \mu_d \right]^2$	1	水文形态单元内均值

续表

参数类别	参数名称	单位/公式	等级	描述
基本理化参数和营养参数	水温	℃	1	点位测定值
	水体 pH	无	1	点位测定值
	溶解氧	%	1	点位测定值
	浊度	NTU	1	点位测定值
	电导率	μS/cm	1	点位测定值
	氧化还原电位	mV	1	点位测定值
	叶绿素	μg/L	1	点位测定值
	总溶解性固体	g/L	1	点位测定值
	盐度	%	1	点位测定值
	总氮	mg/L	1	点位测定值
	总有机碳	mg/L	1	点位测定值

2.5.3.2 生物模型

生物模型建立栖息地环境物化属性与生物存在丰度的逻辑回归模型，物化属性作为自变量，生物数据作为因变量。在计算响应函数之前，通常进行交互相关分析排除多余参数。运用逐步逻辑回归模型确定目标物种使用最多的栖息地特征。为每个目标物种区分不适宜/适宜/最适栖息地。模型用概率比来确定回归公式中应考虑哪个系数：

$$R = e^{-z} \tag{2-20}$$

式中，e 是自然对数的底；$z = b_1 x_1 + b_2 x_2 + \cdots + b_n x_n + a$，其中 $x_1, \cdots, x_n$ 是重要物化参数，$b_1, \cdots, b_n$ 是回归系数，a 是常数。

1. 目标物种

栖息地适宜度主要表征环境条件对目标物种的适宜程度，因此，目标物种的确定是栖息地适宜度研究的重要基础。总结已有研究可看出目标物种的确定应满足以下几方面原则：①对环境条件相对敏感，适应较清洁水生环境；②与物种种类或特定生命阶段相关；③根据河段环境条件，考虑物种个体大小和移动性；④考虑生物食性和在生态系统中的作用。

已有研究对 EPT 类群、蜻蜓目（Odonates）、蚌类、蜉蝣目（Mayfly）四节蜉属等底栖动物生物适宜性进行分析。Jowett（2003）研究沙砾基质河流底栖动物栖息地适宜度的水动力条件制约时，对常见的织网毛翅蝇、游动性蜉蝣目、滤食性蜉蝣目等进行研究。Mouton 等（2006）运用 CASIMiR 模型，选取优势种蜉蝣目四节蜉属作为指示生物，研究城市河流栖息地适宜度。Parasiewicz 等（2012）选取蚌类进行研究，因其属于滤食动物对水体污染较敏感，尤其是幼体时期，且其繁殖周期内需要与特定鱼类物种相互作用。Cabaltica 等（2013）用 CASIMiR 栖息地模型方法研究水文脉冲对大型底栖动物的影响，选取四节蜉属、溪颏蜉属、纹石蛾等作为目标物种，因其具有不同的流量承受力，可能较大程度承受水力干扰，同时还是研究河段内流动水体鱼类的重要食物来源。中国已有的大型底栖动物栖息地适宜度研究主要以调查流域优势种蜉蝣目四节蜉属为目标物种。李凤清等（2008）以香溪河（长江中游）为例，选择该流域河流大型底栖动物最优势类群四节蜉为指示生物。郑文浩等（2011）研究太子河流域大型底栖动物栖境适宜性时，对该流域主要优势种热水四节蜉（*Baetis thermicus*）进行研究。

针对当前河流普遍存在的水动力条件弱、人为干扰较强等特点，选取目标底栖动物应满足以下筛选原则：①水动力条件较弱，选取适应中等流速水体的大型底栖动物；②水体污染较重，选取适应中等或偏清洁水体的底栖动物；③缺少洄游性或珍稀鱼类，选取调查河段鱼类的普食性底栖动物；④选取研究区域的优势种群作为目标物种；⑤已有目标物种栖息地适宜度曲线，可在比较分析基础上缩小特定种群的适宜度范围，或对其他环境要素条件进行补充。结合已有生物调查数据，选择蜉蝣目、甲壳纲、蚌类等已有适宜度曲线物种作为目标物种。

此外，研究认为，借鉴"一般鱼"概念，引入假设性概念——一般底栖动物，利用相同栖息地的多物种作为研究对象，相对于将栖息地分配给某一特定物种，其结果更符合实际情况。

2. 群落结构功能特征

在考虑目标物种基础上，大型底栖动物群落结构和功能特征的适宜度也具有重要意义。其中，摄食方式是反映物种对环境条件适宜与否的典型特征，利用其摄食等功能特性可以使人们充分了解控制底栖动物分布的机理。

根据动物的摄食对象和摄食方法的差异，底栖动物主要可分为撕食者（shredder）、集食者（collector）[牧食收集者（collector-gatherer）和滤食收集者（collector-filterer）]、刮食者（scraper）、捕食者（predator）、寄生者（parasite）、杂食者（omnivore）等 6 或 7 类不同的功能摄食组（functional feeding groups，FFG）（段学花，2009；赵茜等，2014）。

流速、基质等环境因素影响底栖动物摄食方式，决定了底栖动物功能摄食类群组成。一般，平原河流（特别是城市河段）以淤泥为主，有机营养物质较多，可为收集者和滤食者提供丰富的食物来源，山区河流很多以卵石基质为主，表面着生的底栖藻类能够满足刮食者的摄食需求。此外，卵石能够支持以刮食者为食的更高营养级物种的生存繁殖，形成复杂的食物链，进而提高大型底栖动物群落结构的多样性（王强等，2011）。图 2-9 为大型底栖动物主要功能摄食类群示意图。

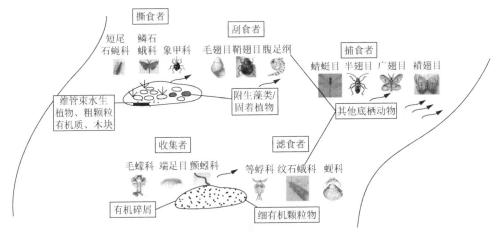

图 2-9　大型底栖动物主要功能摄食类群示意图

2.5.3.3　栖息地模型

对调查代表性点位描绘的每个中尺度栖息地，确定其不适宜/适宜/最适。用逻辑回归对实测数据进行分析，各类别是目标物种存在/丰度高的可能性的函数。目标物种存在可能性由以下公式确定：

$$p = \frac{1}{(1+e^{-z})}$$

式中，p 是存在/丰度高的可能性；$z = b_1x_1 + b_2x_2 + \cdots + b_nx_n + a$；$x_1,\cdots,x_n$ 是重要物化参数；$b_1,\cdots,b_n$ 是回归系数，a 是常数。可能性通过预测存在和丰度的相对操作特性曲线来对适宜度类型进行分类。分散节点概率（Pt）用于存在和丰度模型。存在可能性高于 Pt 的栖息地为适宜性栖息地。具有高于选定 Pt 的丰度较高的适宜性栖息地视为最适栖息地。运用这些原则，在栖息地地图上可显示测定流量条件下高适宜度栖息地区域。总结河道各点位特定流量下，具有特定物种、特定生命阶段适宜或最适栖息地比例，获得两流量特性曲线，分别为适宜性和最适性栖息地。将最适栖息地权重设为 0.75，适宜栖息地设为 0.25，从而将两栖息地聚合为有效栖息地。此处权重因子的设定是为确保河流中最适栖息地的高贡献率。用插值方法来计算常出现流量下的栖息地数值。用适当的线性曲线函数在不同流量下插值栖息地数值,用于构建目标物种及其特定生命阶段的流量/栖息地特性曲线。用这些结果分析河段内各物种适宜度。

2.6 小   结

本章基于生态完整性理论,根据海河流域平原河流生态退化特征,构建可定量表征其属性的评价方法和评价指标体系。以河流水力连通完整性为目标的环境流量计算模型,探寻丰水年、平水年、枯水年及汛期和非汛期的河流水文年际与年内变化特征;以生态风险降低和水环境改善为目标的环境流量计算模型,为水资源高效利用和栖息地完整性恢复提供环境流量保障。

本章在分析平原河流生态功能与栖息地完整性的相互关系的基础上,揭示了流域、水系和子生态系统三个不同尺度下生态风险分异,确定河流环境流量保障率与生态风险水平响应关系的阈值,在此基础上基于不同来水情景,分析不同情景和不同尺度下的环境流量保障率,识别不同情景下流域的生态风险水平,计算海河流域平原河流栖息地完整性恢复环境流量,并根据现状水量计算海河流域平原河流栖息地完整性恢复需配置环境流量。

本章以 MesoHABSIM 为基础,构建了改进的大型底栖动物中尺度栖息地模型,模型共分为水文形态模型、生物模型和栖息地模型三部分,具有以下特点:在水文形态模型方面,环境要素中针对大型底栖动物增加了底部剪切力等河道底部环境因素,针对当前河流普遍存水动力条件弱、人为干扰大的特点,依据基质、流态、覆盖条件将其分为三级三类;在生物模型方面,目标物种选取不限于特定的目标物种,主要关注了水生生物的群落结构功能特征,分析了大型底栖动物群落生物指数和功能摄食类群;在栖息地模型方面,建立了改进的大型底栖动物的中尺度栖息地模型。

第二篇　栖息地完整性评价及案例分析

第3章 海河河流湿地栖息地完整性评价

海河流域可划分为滦河水系、北三河水系、永定河水系、海河干流水系、大清河水系、子牙河水系、黑龙港运东水系、漳卫河水系和徒骇马颊河水系九大水系。本章选取山区段和平原段均衡分布的大清河水系和以人工灌渠网络为主的滨海城市水系——天津水系作为典型水系，在河流栖息地调查的基础上，阐明典型水系河流栖息地完整性在上游山区段—中游平原段—下游滨海段的分布规律，并以流域人为干扰小、河流生态完整性水平最好的滦河水系作为对照，揭示河流栖息地完整性对人为干扰的响应。再以流域内人为季节性重污染河流——滏阳河为典型河段，选取典型断面，获取相应的评价指标值，以层次分析法确定指标权重，并以改进的灰关联度模型对滏阳河栖息地完整性进行评价，以期为海河流域平原河流栖息地完整性恢复提供科学依据。

3.1 海河流域概况及水系特征

海河流域位于北纬 35°～43°、东经 112°～120°，是我国七大流域之一。东部紧邻渤海湾，南部紧邻黄河，西部与云中山和泰岳山接壤，北依蒙古高原。流域主要由海河北系、海河南系、徒骇马颊河水系和滦河水系四大水系构成（图3-1）。也可在此基础上划分为滦河水系、北三河水系、永定河水系、海河干流水系、大

图 3-1 海河流域四大水系图

清河水系、子牙河水系、黑龙港运东水系、漳卫河水系和徒骇马颊河水系九大水系（图3-2，表3-1）。

图 3-2　海河流域九大水系图

表 3-1　九大水系主要特征

水系	流域面积 /km²	年降水量 /mm	水系构型	山区段、平原段和滨海段所占比例
滦河水系	37 584	540	山区段，树枝状、水系密度高、人为干扰弱；平原段，编织状、密度高、多处于自然状态；滨海段，编织状、多为灌渠和减河、人为干扰强	山区85%，平原和滨海合计15%

水系	流域面积 /km²	年降水量 /mm	水系构型	山区段、平原段和滨海段所占比例
北三河水系	35 808	611	山区段，树枝状、密度中等、人为干扰弱；平原段，亚树枝状、河道为自然状态；滨海段，平行状、灌渠密布、人为干扰强	山区 66%，平原 18%，滨海 16%
永定河水系	47 016	408.1	山区段，羽状、水系密集、自然河道；平原段，平行状、水系稀疏、人工河道	山区 93%平原和滨海合计 7%
海河干流水系	2 066	520～660	城市景观河道	滨海 100%
大清河水系	45 131	500～700	山区段，羽状、密度大、干扰程度小；平原段，平行状、密度大、自然河道；滨海段，密度小、人工河道	山区 33%，平原 33%，滨海 33%
子牙河水系	46 868	550	山区段，格子状、水系密集、人为干扰弱；平原段，向心状、中等密集、人为干扰强	山区 64%，平原 36%
黑龙港运东水系	22 211.8	450～600	平原与滨海段，编织状疏水系，滨海段人为干扰强于平原区	平原 59%，滨海 41%
漳卫河水系	37 584	540	山区段，钩状、水系密集、自然状态；平原段，平行状、水系稀疏、干流人为影响强于支流	山区 63%，平原 37%
徒骇马颊河水系	28 736	578	平原段，平行状分布、水系稀疏、为自然河道；滨海段，编织状、水系稀疏、部分经过人为改造	平原 73%，滨海 27%

海河流域面积 318 000km²，山区和高原面积为 189 000km²，占流域面积的 60%，平原面积为 129 000km²，占流域面积的 40%。流域内河道呈现扇形和枝状分布特征，水系构型复杂，在降雨集中的汛期由于河流排泄不畅易形成洪水。根据流域内水系的空间分布特征和水资源开发利用特征，流域河流形成了上游山区段、中游和下游滨海段的分布格局。另外，由于金属冶炼业和迅速的城市化导致了流域水环境的污染，流域水资源短缺和水质恶化进一步加剧了水生态退化。

滏阳河（图 3-3）是子牙河的两条分支河流之一，是子牙河水系的重要河段，也是海河南系的重要河段，发源于邯郸市峰峰矿区，向南流经邯郸、邢台、衡水和沧州，并与滹沱河在献县汇合，全长 402km，流域面积 22 814km²。在 21 条平原河流中，滏阳河退化严重，根据 2000～2005 年统计数据，滏阳河多年平均径流量仅为 1.2 亿 m³，年平均断流时间为 326 天，年平均干涸时间为 92 天，年平均干涸长度为 317.7km。河流环境流量无法得到满足，主要以废污水补给为主。目前，滏阳河已退化为人为季节性河流（Xu，2004）。

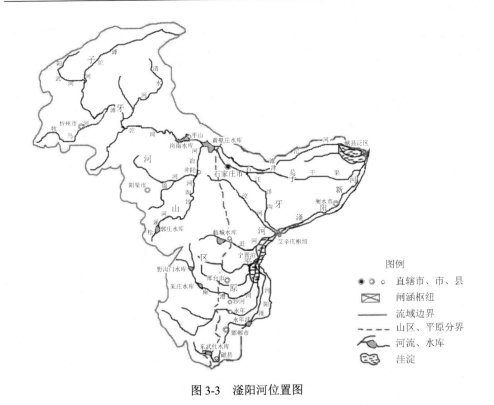

图 3-3　滏阳河位置图

3.2　流域-水系尺度栖息地完整性评价

3.2.1　典型水系选取及监测断面布设

监测断面布设遵循的原则如下：

（1）监测断面总数尽量涵盖整个流域内 2～5 级河流。

（2）在河流自然分类基本单元内均布设监测断面，单元面积越大，水系结构越复杂，监测断面数越多。

（3）布设的监测断面尽量与水文、水质站点重合，以形成统一的数据库，便于长期监测。对于水文、水质站点较少的河流、除了已有监测断面外再新增监测断面。

（4）监测断面涵盖不同级数的河流，干流和其重要支流上均布设监测断面，且布设于分叉节点附近，便于就近调查采样。

（5）在城镇和明确排污口的上游和下游分别布设监测断面，研究水质变化规律。

（6）对于特点均一的河段减少监测断面数。

1. 大清河水系

大清河水系位于海河流域中部，西起太行山区，东至渤海湾，北与永定河为界，南临子牙河，地跨山西、河北、北京、天津地区。大清河水系主要分布于山区和平原，水系在滨海区有少量分布。流域面积 45 131km²，多年平均降水量 500～700mm，降水量年际和年内差别显著，最大年降水量是最小年降水量的 6.4 倍。其中，山区段河流占总长的 48%，平原段占 43%，滨海段占 9%。山区段水系呈羽状分布，人为干扰程度小；平原段水系呈枝状平行分布，密度较小，受防洪排涝的需要，河道多经人工改造，人为干扰强烈。2013 年 7 月 14 日～7 月 21 日，课题组对大清河水系河流栖息地状况进行了调查，共设置 37 个监测断面（图 3-4），监测断面基于上游山区段—中游平原段—下游滨海段的原则布设。大清河水系各监测断面栖息地完整性指数值见附表 2。

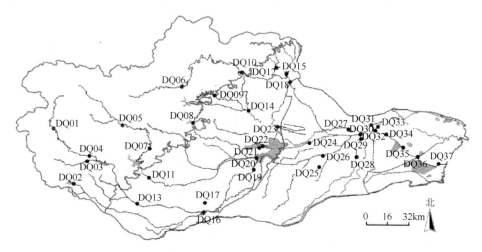

图 3-4　大清河水系河流栖息地完整性监测断面图

2. 天津水系

根据《天津市中心城区河湖水系沟通与循环规划》，天津城市水系由"一轴、六景、八射、十环、十二园"构成。其中，"一轴"指的是由南北贯通市区的北运河和海河，"八射"指北丰产河、子牙河、新开河、南运河、津河、复兴河、月牙河和双林引水河（尹力，2011）。天津水系是北三河水系的子水系，水系多由人工修建的以防洪排涝为目标的减河、新河以及人工灌渠网络构成。天津水系为滨海城市水系，河流人工化明显，生态完整性水平低。2013 年 7 月 22 日～7 月 27 日，作者对天津城市水系河流栖息地状况进行了调查，共设置 55 个监测断面（图 3-5），监测断面基于上游集水区—下游滨海区的原则布设。天津水系各监测断面栖息地完整性指数值见附表 3。

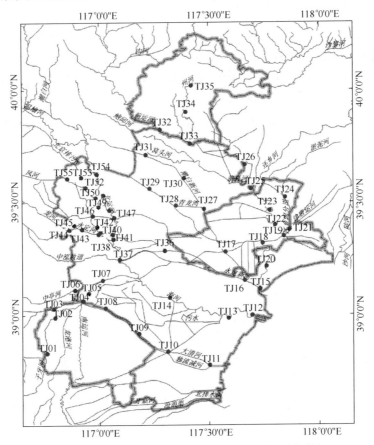

图 3-5　天津城市水系河流栖息地完整性监测断面图

3. 滦河水系

　　滦河水系上游位于内蒙古高原南缘,海拔较高,主要分布于 400~1500m 高程范围。上游地势平坦,多草原和沼泽分布,河道宽浅;中游为燕山山地,森林覆盖度大,河道窄深,坡陡流急;下游滦县下为冲积平原,河道宽浅,河流流速较缓。滦河是流域内水量较好的河流,主要由汛期降水补给,年平均降水量为 700mm,年平均径流量为 46.94 亿 m³,平均入海水量为 24 亿 m³。滦河水系开发利用较少,生态健康程度较好。流域内尚未修建大型水利工程,生态完整性水平保持较好。2013 年 8 月 2 日~2013 年 8 月 13 日,课题组对滦河水系河流栖息地进行了调查,共设置 56 个监测断面(图 3-6),监测断面基于上游山区段—中游平原段—下游滨海段的原则布设。滦河水系各监测断面栖息地完整性指数值见附表 4。

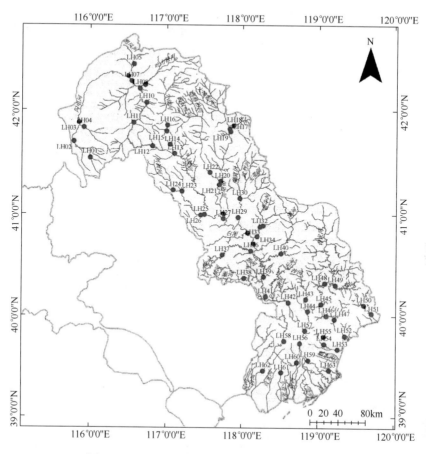

图 3-6　滦河水系河流栖息地完整性监测断面图

3.2.2　河流栖息地完整性评价

由于河岸带人类活动强度指数表征河岸带受人类活动干扰的强度，该值越大对栖息地完整性干扰越强烈，河岸带人类活动强度指数取负值。将表征河流栖息地完整性的 10 项指标值等权求和即为监测断面的栖息地完整性指数值。分别以线性拟合和二次函数拟合分析水系内河流上游山区段—中游平原段—下游滨海段河流栖息地完整性的变化趋势，以线性拟合趋势线方程的纵截距作为水系内河流栖息地完整性指数的最优化值，结合河流栖息地完整性指数判定标准（表 2-1），可判定该水系河流栖息地完整性。

1.　大清河水系

按照上游—中游—下游的空间关系，对大清河水系河流栖息地完整性指数进行统计分析。图 3-7 表明，大清河水系河流栖息地完整性指数由上游山区段到中游平原段逐渐减小，山区段河流栖息地完整性指数减小较快，山区段不同河流间地貌差异较大，且山区段不同河流间栖息地完整性波动较大；平原段河流栖息地完整性指数减小较缓和，大清河水系河流栖息地完整性指数二次函数拟合关系式为 $Y=-0.001X^2-0.142X+5.184$，$R^2=0.844$（图 3-7）。由上游山区段到中游平原段河流栖息地完整性逐渐降低，山区段河流栖息地完整性降低较快，平原段河流栖息地完整性降低较缓。大清河水系河流栖息地完整性指数线性拟合关系式为 $Y=-0.096X+4.934$，$R^2=0.741$，线性拟合方程纵截距为 4.934（图 3-8），则该水系河流栖息地完整性指数最优化值为 4.934,根据河流栖息地完整性指数判定标准（表 2-1），大清河水系河流栖息地完整性一般。

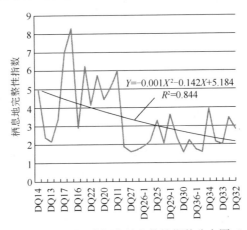

图 3-7　大清河水系监测断面河流栖息地完整性指数分布图（二次函数拟合）

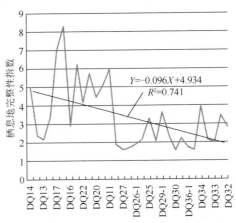

图 3-8　大清河水系监测断面河流栖息地完整性指数分布图（线性拟合）

2. 天津水系

图 3-9 表明天津城市水系河流栖息地完整性指数二次函数拟合关系式

$Y= 8×10^{-5}X^2 -0.009X+2.698$，$R^2 = 0.015$。由于天津城市水系全部位于滨海平原区，境内河流由灌渠网络构成，人为干扰和控制严重，栖息地完整性均受到强烈人为干扰。图 3-10 表明天津水系河流栖息地完整性指数性拟合关系式为 $Y=-0.004X+2.648$，$R^2=0.814$。天津城市水系河流栖息地完整性指数的最优化值为 2.648，水系内河流栖息地完整性较差。

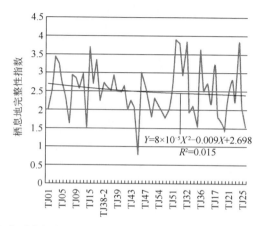

图 3-9　天津水系监测断面河流栖息地完整性指数分布图（二次函数拟合）

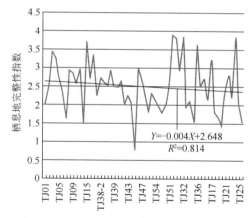

图 3-10　天津水系监测断面河流栖息地完整性指数分布图（线性拟合）

3. 滦河水系

图 3-11 表明，滦河水系河流栖息地完整性指数从上游至下游逐渐减小，滦河水系河流栖息地完整性指数二次函数拟合关系式为 $Y=-0.001X^2-0.142X+8.097$，$R^2=0.846$。滦河水系上游位于内蒙古高原南缘，海拔较高，主要分布于 400~1500m 高程范围，上游地势平坦，多草原和沼泽分布，河道宽浅，河流底质多为细沙和黏土结构，河流保持了自然的形态和结构，栖息地完整性很好；中游为燕山山地，

森林覆盖度大，河道窄深，坡陡流急，浅滩、深塘分布结合较好，河流底质多为大石和鹅卵石，栖境复杂性较高，河流栖息地完整性较好；下游滦县下为冲积平原，河道宽浅，底质多为黏土和细沙，河流流速较缓，流态单一，栖境简单，河流栖息地完整性较差。图 3-12 表明，滦河水系河流栖息地完整性指数线性拟合关系式为 $Y=-0.088X+7.591$，$R^2=0.738$，线性拟合关系式纵截距为 7.591，由河流栖息地完整性指数判定标准（表 2-1）可知，滦河水系河流栖息地完整性较好。

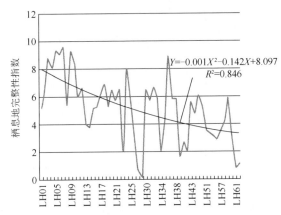

图 3-11　滦河水系监测断面河流栖息地完整性指数分布图（二次函数拟合）

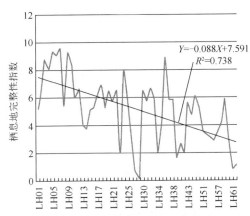

图 3-12　滦河水系监测断面河流栖息地完整性指数分布图（线性拟合）

3.3　河段尺度下平原河流栖息地完整性评价

3.3.1　评价断面及样品采集

滏阳河栖息地完整性评价于干流共设置 5 个监测断面（图 3-13），监测断面布设于滏阳河干流的 5 个水文站（表 3-2）。2012 年 6 月 22 日～26 日，课题组基于这 5 个监测断面进行了野外采样，并记录了 5 个断面处的主导底质类型、河岸带土地利用类型和植被类型，水生生物定量分析样品采集及分析步骤如下：原生动物和轮虫以 25 号浮游动物拖网（$\phi = 0.064$mm）采集，水蚤类和桡足类以 13 号浮游动物拖网（$\phi = 0.112$mm）采集，拖网中浓缩的浮游生物样品倒入 200ml 聚乙烯酯瓶中，以 4%甲醛缓冲溶液保存进行实验室定量分析（Shiel et al.，2006）。甲壳纲动物的定量分析样品采集和分析步骤如下：采集 20L 表层、中层和底层水样并以 25 号拖网过滤，以 4%甲醛缓冲溶液保存进行实验室定量分析。轮虫和原生动物的定量分析样品采集和分析步骤如下：以 2.5L 采水器采集 2.5L 表层、中层和底层混合水样，加入 1.0L 鲁氏碘液（15ml/L），沉淀 48h 后虹吸上清液，并浓缩至 30ml 进行实验室定量分析，浮游动物实验室定量分析依据《水和废水监测分析方法（第四版）》进行。以铁铲采集河流底质，并保存在塑料样品袋中，在实验室风干待测。卵石的粒径以游标卡尺测量粒径后求均值，泥土和污泥用石英研钵研磨后，过 20 目筛，以激光粒径分析仪（Mastersize 2000，Malvern Instruments Co. Ltd.，UK）测量粒径。

图 3-13　滏阳河栖息地完整性监测断面分布

表 3-2　滏阳河 5 个水文站位置

水系	河流	断面	地理坐标	
			E	N
子牙河水系	滏阳河	东武仕水库出口	114°20′	36°24′
		张庄桥	114°43′	36°56′
		莲花口	114°75′	36°67′
		艾辛庄闸	115°06′	37°50′
		衡水	115°72′	37°75′

3.3.2　评价指标权重的确定

本章通过层次分析法确定指标权重。根据专家判断和打分，分别构建了要素层 1、要素层 2 和要素层 3 的判断矩阵，一致性检验结果表明判断矩阵的最大特征值为 3.154，且一致性检验 C_R 值为 0.049 <0.1。因此，判断矩阵存在较好的一致性，符合进一步计算指标权重的要求。评价指标最终的权重如表 3-3 所示，对于要素层 2，水文水资源、水环境、生物结构和物理栖息地的权重分别为 0.3561、0.1438、0.2166 和 0.2835。因此，平原河流栖息地完整性决定要素的重要性从大到小依次为水文水资源、物理栖息地、生物结构和水环境。此外，对于指标层，四项要素内具有最大权重的指标分别为 GEF、AWR、LoC、RVCI，其相应的权重分别为 0.1482、0.1438、0.1519 和 0.1301。河流环境流量是维持其基本结构和功能的基础，AWR 是影响河流栖息地功能的关键指标，河流生态系统在横向、纵向和垂向上为一个连续体，纵向连通性是生物迁徙、能量和物质循环即通道功能的关键指标。另外，RVCI 是河流过滤和屏障功能的关键指标。

表 3-3　评价指标权重

指标层 3	指标层 2	指标层 1	指标权重
平原河流栖息地完整性	水文水资源（0.3561）	VAF	0.1140
		GEF	0.1482
		GEWD	0.0466
		ESWR	0.0290
		EUWR	0.0183
	水环境（0.1438）	AWR	0.1438
	物理栖息地（0.2835）	LoC	0.1519
		RHGI	0.1316
	生物结构（0.2166）	AOSD	0.0865
		RVCI	0.1301

3.3.3　评价指标值的确定

按照 5 个水文站在滏阳河上、下游的空间分布，这 5 个水文站将滏阳河划分为 4 个河段，即邯郸段、邢台段、衡水段和沧州段。由于沧州段无单一水文站控制，本章研究内容未包括沧州段。

本节基于对滏阳河生态环境状况的分析，根据海河流域水情月报（数据来源：水利部海河水利委员会官方网站）、子牙河 2009 年水文数据及相关文献，确定了评价指标值（表 3-4～表 3-6）。考虑到数据的可获得性和数据计算的方便，AWR、VAF、GEF、GEWD、LoC 以及 RVCI 在河段尺度下确定；ESWR 和 EUWR 在流域尺度下确定。此外，RHGI 基于 5 个监测断面确定，浮游动物 AOSD 和底质粒径为实测数据。

表 3-4　评价指标值

指标	单位	指标值	数据来源
VAF	%	−98.400（以艾辛庄闸为代表测站）	户作亮，2010
GEF	%	0	杨志峰等，2005；户作亮，2010；水利部海河水利委员会官方网站 2009～2011 年水情月报
GEWD	%	57（以艾辛庄闸为代表测站）	李丽娟和郑红星，2003；杨志峰等，2005；水利部海河水利委员会官方网站 2009～2011 年水情月报
ESWR	%	263	李丽娟和郑红星，2003；任鸿遵和李林，2000；王金霞和黄季焜，2004；李东海等，2009；郑艳军，2010；郑艳军等，2010；吴丽英，2010；户作亮，2010
EUWR	%	82	李丽娟和郑红星，2003；任鸿遵和李林，2000；王金霞和黄季焜，2004；李东海等，2009；郑艳军，2010；郑艳军等，2010；吴丽英，2010；户作亮，2010
AWR	%	0	户作亮，2010
LoC	个/km	1.500	户作亮，2010
RHGI	—	0.456	Jowett，1998；Stewardson，2005；Kristensen et al.，2011
RVCI	%	65	户作亮，2010

表 3-5　滏阳河水力几何形态指数

断面	b	R^2	f	R^2	RHGI
东武仕水库出口	0.169	0.874	0.257	0.801	0.658
张庄桥	0.234	0.909	0.290	0.961	0.807
莲花口	0.232	0.964	0.547	0.982	0.424
艾辛庄闸下	0.001	0.823	0.009	0.834	0.111
衡水	0.334	0.895	0.523	0.917	0.639
全河段	0.083	—	0.182	—	0.456

表 3-6　滏阳河 5 个监测断面主导底质粒径及 AOSD

断面	底质类型	95%分位数底质粒径/μm	AOSD
东武仕水库出口	沙砾（3 000<ϕ<60 000μm）	42387	2.014
张庄桥	泥土（125μm<ϕ<250μm）	214.06	0.512
莲花口	泥土（125μm<ϕ<250μm）	128.96	2.372
艾辛庄闸下	淤泥（ϕ<125μm）	71.37	1.168
衡水	淤泥（ϕ<125μm）	111.38	1.734
全河段	—	—	1.560

3.3.4　评价指标要素层分析

3.3.4.1　水文水资源要素分析

滏阳河（东武仕水库出口—献县）全长 329km，2000～2005 年平均断流时间 326 天，20 世纪 60 年代平均断流时间仅为 92 天，2000～2005 年平均干涸时间为 319 天，20 世纪 60 年代平均干涸时间仅为 16 天；2000～2005 年平均干涸长度为 317.7km，20 世纪 60 年代平均干涸长度仅为 52.0km。图 3-14 表明从 1960 年到 2005 年河流年平均流量的变化情况，20 世纪 60 年代到 70 年代河流流量急剧下降，70 年代到 80 年代稍有缓和，80 年代后河流年平均流量在 0.021 亿 m³ 上下波动。2000～2005 年滏阳河年均流量偏差为-98.4%，2009～2011 年地表水资源开发利用率和地下水资源开发利用率分别为 263%和 82%。因此，受高强度水资源开发利用活动的强烈干扰，极大地破坏了河流天然的水文情势，河流源和汇功能受

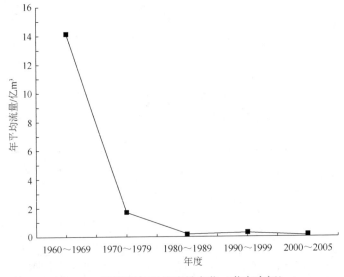

图 3-14　滏阳河年平均流量变化（艾辛庄闸）

到严重干扰。杨志峰等（2005）基于海河流域生态环境现状评估了 21 条平原河段的环境流量，其中滏阳河环境流量为 0.58 亿 m^3。杨志峰（2006）基于海河流域主导生态环境问题及相应的恢复目标对 21 个平原河段环境流量进行了评估，其中滏阳河最少环境流量为 0.60 亿 m^3。户作亮（2010）基于河流主导使用功能及河流恢复类型计算了海河流域 21 个平原河段的环境流量，其中滏阳河年环境流量为 0.21 亿 m^3，对应的河道最少流量为 $0.67 m^3/s$。由于受强烈人为干扰，滏阳河已退化为人为季节性河流，现状环境流量保障率和生态需水保障率仅为 20% 和 57%。

3.3.4.2　水环境要素分析

滏阳河有两个水功能区，一个为邯郸农业用水区，另一个为邢台农业用水区。邯郸农业用水区自东武仕水库出口到邯郸邢台交界处，全长 115km，目标水质为 V 类，现状水质为劣 V 类，水功能区水质不达标；邢台农业用水区自石家庄和衡水交界处到邯郸邢台交界处，全长 214km，水功能区水质目标为 IV 类，现状水质为劣 V 类，水功能区水质不达标。滏阳河水功能区水质达标率为 0。

3.3.4.3　河流物理栖息地和生物结构要素分析

LoC 在河段尺度下为一常数，故河流物理栖息地的变化由 RHGI 的变化确定，分析河流的水文形态变化过程和物理栖息地状况。

1.　河流纵向连通性分析

河流的连通性是水生生物分布的决定性因素之一（Merriam，1984；Fahrig and Merriam，1985）。Vannote 等（1980）提出河流纵向连续体概念，认为河流在纵向、横向、垂直向上是一个连续的有机体，并具有能流、物流及生态过程的连续性。随后，Forman 和 Godron（1986）提出了河流生态廊道的概念，分析了流域尺度下河流与河岸带的能量流、物质流及信息流交换过程。

河流纵向连通性对于淡水生物完成其生活史（Lucas et al.，2008）具有极其重要的意义，河流天然的纵向连通性是维持其健康的生态过程，如能量流动和物质循环即通道功能的决定性因素。河流纵向连通性以分布于特定长度上的闸坝或围堰的个数表征（Branco et al.，2012）。基于海河流域平原河流的生态特征，纵向连通性以每百千米大中型闸坝的平均个数表示。滏阳河平均的大中型闸坝个数为 1.5 个/100km，在闸坝分布众多的海河流域为低水平，纵向连通性水平高。

2.　河道水文形态分析

河流平均的水力几何形态指数 RHGI 表征河道水文形态的变化特征。分析河流的水力几何形态指数可揭示河道形态与流量变化、沉积物输移、物理栖息地和河道–洪泛平原间的联系（Stewardson，2005）。水力几何形态指数中的平均宽度指数 b 和平均深度指数 f 与河流类型、流量、沉积物负荷、堤岸材料、岸坡植被有关，河流水力几何形态指数是分析河道形态和河道内物理栖息地的有效指标（Jowett，1998；Kristensen et al.，2011）。

此外，流域尺度下河流水文形态变化决定了生物组分的响应（Pess et al.，2002），物理栖息地破坏将导致生物多样性的急剧下降，随之河流生态功能和结构也将受到破坏。然而，物理栖息地的改善也可改进河流健康的状况（Orr et al.，2008）。因此，通过分析滏阳河河道形态特征和生物组分特征可识别物理栖息地和生物组分的响应关系。滏阳河水力几何形态指数 RHGI 以 5 个监测断面的水力几何形态指数的几何平均值表示（图 3-15），该值大于欧洲莱茵河的水力几何形态指数（0.371），小于黄河下游辫状河段的水力几何形态指数（0.533），符合平原河流的形态特征（黎明，1997）。自然的平原型河流上游山区河道较窄、河道比降大，水深流急，为窄深型河道，下游汇集了各支流汇入的水量，河流水量大，且下游多位于宽阔的冲积平原区，河流含沙量高、水量大、流速缓和，为宽浅型河道。

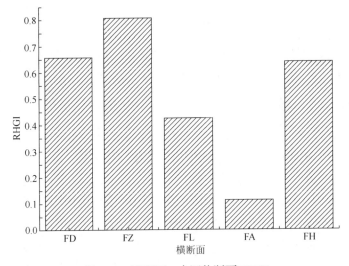

图 3-15　滏阳河 5 个评价断面 RHGI

FD：东武仕水库出口；FZ：张庄桥；FL：莲花口；　FA:艾辛庄闸下；FH：衡水

图 3-15 表明从上游到下游，滏阳河 5 个断面处河道水文形态的变化趋势，滏阳河邯郸段（东武仕水库出口—莲花口）可分为两种类型，从东武仕水库出口到张庄桥为宽浅型，从张庄桥到莲花口为窄深型；邢台段（莲花口—艾辛庄闸下）因为汇入大量邯郸市和邢台市的工业和生活污水，所以为窄深型，河流水力几何形态指数在艾辛庄闸下（RHGI 为 0.111）达到全河段最小；滏阳河衡水段（艾辛庄闸下—衡水）由于艾辛庄闸长期对河道截流，河道为宽浅型。

　　将滏阳河 RHGI 与世界其他地区平原型河流的 RHGI 进行对比分析（黎明，1997；Turowski et al.，2008），东武仕水库出口 RHGI 为 0.658，形态接近于美国中西部地区常流性窄深型河流（RHGI 为 0.650）；张庄桥 RHGI 为 0.807，形态接近于美国半干旱地区宽浅型季节性河流（RHGI 为 0.805）；莲花口 RHGI 为 0.424，形态接近于长江中下游张家洲段辫状河段（RHGI 为 0.392）（林承坤和黎孔刚，1995）；艾辛庄闸下 RHGI 为 0.111，形态接近于洞庭湖城陵矶窄深型水道（RHGI 为 0.128）；衡水断面 RHGI 为 0.639，形态接近于美国中西部水量较大的常流性宽浅型河流。滏阳河全河段 RHGI 为 0.456，形态接近于长江中下游张家洲段辫状河段 RHGI，河道天然形态受损严重。底质、水深及表面流速构成了河流的微观栖境（Maddock，1999），良好的底质是河流健康和河流栖息地功能的重要指标。东武仕水库出口断面的主要底质类型为石粒，邯郸市区段河道主导底质类型为泥粒，艾辛庄闸下和衡水断面河道底质由于受到严重的水污染和过度的水资源开发而退化为淤泥。因此，河流物理栖息地受到强烈的人为干扰和破坏，由于水质受到严重污染，滏阳河水功能区水质达标率为 0，河流栖息地功能差。

　　3.　河道形态与生物结构分析

　　由于水质严重污染，滏阳河仅有耐污种生存，本章应用浮游动物香农-维纳指数表征水生生物结构。图 3-16 为滏阳河 5 个监测断面 RHGI 和浮游动物香农-维纳指数比较，结果表明除滏阳河邯郸市区段外，浮游动物香农-维纳指数与 RHGI

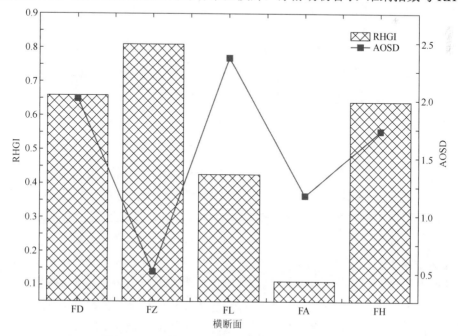

图 3-16　滏阳河 5 个评价断面 RHGI-AOSD 关系

具有相同的变化趋势，从东武仕水库出口到张庄桥断面，由于受农业面源污染的影响，浮游动物多样性指数逐渐下降。由于闸坝长期截留，河道形态为宽浅型。张庄桥为邯郸市区段的起始断面，浮游动物多样性有所提高，且由于市区段的裁弯取直，河道形态逐渐为窄深型。滏阳河邢台段（莲花口—艾辛庄闸下）浮游动物多样性和河道形态与滏阳河衡水段（艾辛庄闸下—衡水）浮游动物多样性及河道形态具有相同的变化趋势：河道宽浅，物理栖息地质量提高，浮游动物多样性增加。

3.3.5　平原河流栖息地完整性评价

本节利用 2.3 节所述的优化灰关联度模型分析滏阳河的栖息地完整性，并求出各评价指标与 5 个评价等级的灰关联系数 ξ_i，结果如图 3-17 所示。

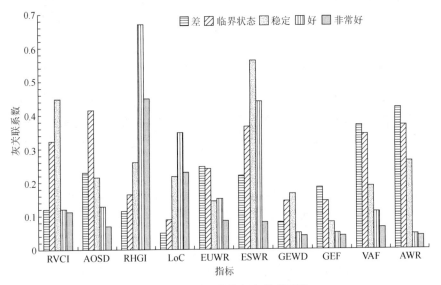

图 3-17　10 项评价指标灰关联系数

图 3-17 表明，滏阳河指标 VAF、GEF、AWR 和 EUWR 均为差，由于受到高强度水资源开发利用的影响，河流天然的水文情势受到严重破坏。此外，河流的横向连通性由于受到了水利工程和农业生产的不利影响，河道固化、岸堤加高、洪泛平原被开发为农田，河流与洪泛平原间的能流、物流几乎完全丧失。滏阳河纵向连通性水平在整个海河流域较好，表明其通道功能较好，全河段水功能区水质达标率为 0，河流水质污染严重，底质主要为泥土和污泥。此外，滏阳河水生生物多样性处于临界状态，河岸带植被覆盖率稳定。根据灰关联度的计算公式计算得到滏阳河栖息地完整性的灰关联度值，结果如图 3-18 所示。

滏阳河栖息地完整性与 5 个评价等级的灰关联度分别为 0.2975、0.3798、

0.4668、0.7228 和 0.6036。根据最大隶属度原则,滏阳河栖息地完整性与 5 个评价等级的最大灰关联度为 0.7228,河流的栖息地完整性处于临界状态。

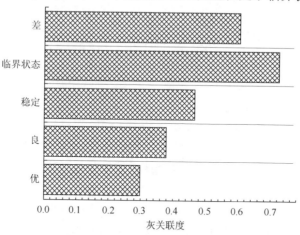

图 3-18 滏阳河栖息地完整性评价灰关联度

3.4 小   结

(1)河流栖息地完整性评价应区分不同尺度进行,尺度不同,评价方法和评价指标体系也不同。水系尺度下河流栖息地完整性包块河流形态结构、河岸带特征和水文水动力特征三个要素;河段尺度下河流栖息地完整性包括水文水资源、水环境、物理栖息地和生物结构四个要素,其对应的权重分别为 0.3561、0.1438、0.2835 和 0.2166。

(2)本章构建了水系尺度下河流栖息地完整性评价指标体系,选择山区段、平原段和滨海段平均分布的大清河水系,滨海灌渠网络为主的天津水系和人为干扰小、水生态完整性最好的滦河水系为典型水系,以滦河水系为对照,并以栖息地完整性指数线性回归关系式纵截距表征水系尺度下河流栖息地完整性优化值。结果表明大清河水系栖息地完整性一般,天津水系栖息地完整性差,滦河水系栖息地完整性较好。

(3)本章以流域重污染人为季节性河流滏阳河为例,对河段尺度下河流栖息地完整性进行评价。滏阳河栖息地完整性处于临界状态,需采取环境流量恢复和水污染控制措施恢复河流的栖息地完整性。

(4)对传统的灰关联分析法进行优化,将其应用于河段栖息地完整性评价,评价过程简单,易于被河流管理者理解和接受,并可应用于河流生态功能、生态完整性和生态健康评价。

第4章 案例分析1：河流物理栖息地完整性的人为影响因子识别

河流沉积物是河流系统的重要组成部分，是水流包括其中携带的泥沙与河床长期相互作用形成的碎屑物质。作为一个微小生境，有大量的微生物附着于沉积物颗粒上或游离在颗粒间隙中，包括细菌、原生动物、轮虫等。这些生物可作为河流环境质量的指示生物（Châtelet et al., 2010），同时在食物链循环中也发挥了不可替代的作用（Shimeta et al., 2007），而沉积物粒径大小对这些微小生物的数量、群落构成及分布有直接的影响作用（Ejsmont-Karabin 2004；Troch et al., 2006; Santmire and Leff, 2007）。因此，可以通过研究沉积物的组成及粒度参数等来追溯物质来源及沉积环境，进而识别出影响物理栖息地完整性的主要人为影响因子。本章基于海河流域全流域尺度下不同人为干扰强度下河流表层沉积物空间分布规律差异性研究，辨识河流物理栖息地完整性的人为影响因子。

4.1　研究区与研究方法

4.1.1　研究区概况

海河流域主要地貌有高原、山区及平原，流域西北面主要由高原及山区构成，包括蒙古高原、山西高原、太行山区、燕山山区，东南面为华北平原，山区高原包围华北平原成为一道屏障，山区与平原过渡区极短。海河流域属于温带半湿润、半干旱大陆性季风气候区，年平均气温为 1.5～14℃，平均年降水量 535mm。海河流域人口密集，大中型城市众多，2005 年流域内总人口为 1.34 亿，平均人口密度为 421 人/km^2。

海河流域中海河水系北部由蓟运河、潮白河、北运河、永定河组成，南部由大清河、子牙河、漳卫南运河、黑龙港及运东地区诸河和海河干流组成，水系内众多河流纵横交错。而滦河水系与徒骇马颊河水系相对于海河水系河流结构较为简单，独立入海。流域内山区水库众多，已建成水库共 1878 座，大、中、小型水库分别有 34 座、137 座、1707 座，总库容约 321 亿 m^3。流域内大型水库及其参数见表 4-1。

表 4-1 海河流域主要大型水库

水库	所在水系	控制流域面积/km²	总库容/亿 m³
小南海水库	漳卫南运河	850	1.07
漳泽水库	漳卫南运河	3 176	4.27
后湾水库	漳卫南运河	1 300	1.3
关河水库	漳卫南运河	1 745	1.399
岳城水库	漳卫南运河	18 100	13
东武仕水库	子牙河	340	1.615
朱庄水库	子牙河	1 220	4.162
临城水库	子牙河	384	1.713
岗南水库	子牙河	15 900	17.04
黄壁庄水库	子牙河	23 400	12.1
衡山岭水库	大清河	440	2.43
口头水库	大清河	142.5	1.056
王快水库	大清河	3 770	13.89
西大洋水库	大清河	4 420	12.58
龙门水库	大清河	470	1.267
安格庄水库	大清河	476	3.09
册田水库	永定河	16 700	5.8
友谊水库	永定河	2 250	1.16
官厅水库	永定河	43 402	41.6
云州水库	潮白河	1 170	1.02
密云水库	潮白河	15 788	43.75
怀柔水库	潮白河	525	1.44
海子水库	蓟运河	443	1.21
于桥水库	蓟运河	2 060	15.59
邱庄水库	蓟运河	525	2.04
陡河水库	冀东诸河	530	5.152
庙宫水库	滦河	2 400	1.83
潘家口水库	滦河	33 700	29.3
大黑汀水库	滦河	35 100	3.37
桃林口水库	滦河	5 060	8.59
洋河水库	冀东诸河	755	3.586

资料来源：任宪韶等，2008

4.1.2　采样方案设计

海河流域共布设采样点 303 个。其中，滦河水系 49 个、北三河水系 47 个、永定河水系 27 个、大清河水系 37 个、子牙河水系 81 个、漳卫河水系 28 个、黑龙港运东水系 16 个、徒骇马颊河水系 18 个。

4.1.3　沉积物样品采集与实验室测定

河床表层沉积物采用不锈钢抓泥斗采集，采样深度 10cm，在各个样点的离岸 2～5m 区域采集 3 个平行沉积样，混合装入聚乙烯袋并编号。将各个样点沉积物自然风干，然后研磨至粉末状，过 10 目筛，舍弃砾级样品，取 2mm 以下砂、黏土质样品。沉积物粒度参数测定采用激光粒度仪（Microtrac s3500）湿式测量法。测定的主要粒度参数包括平均粒径（Mz）、分选系数（σ1）、偏度（skewness）、峰度（kurtosis）、体积频率分布曲线、体积累计分布曲线。同时，根据沉积物粒度划分标准，将每份沉积物样品划分成三个组分，分别是黏土（0～0.004mm）、粉砂（0.004～0.063mm）和砂（0.063～2mm）。数据分析过程中，运用 Origin 软件作图并用 SPSS 统计软件进行回归分析。

4.2　海河流域河床表层沉积物粒度空间分布

本节研究从海河流域最南端漳卫河水系、徒骇马颊河水系到最北部滦河水系共 9 个水系的表层沉积物粒度参数空间分布规律，其中漳卫河水系、子牙河水系、大清河水系、北三河水系（沉积物粒径研究中，北三河水系包括北三河及海河干流水系，本章中均用北三河水系表示）、滦河水系分别由山区和平原两部分组成，而永定河水系全部位于山区，徒骇马颊河水系与黑龙港及运东水系则全部位于华北平原。

4.2.1　徒骇马颊河水系沉积物粒度空间分布

在徒骇马颊河水系的徒骇河、马颊河与主要支流德惠新河上，从上游到下游共设置了 18 个采样点（图 4-1）。其中，徒骇河及其支流有 9 个采样点，马颊河上有 7 个采样点，其主要支流德惠新河上有 2 个采样点。

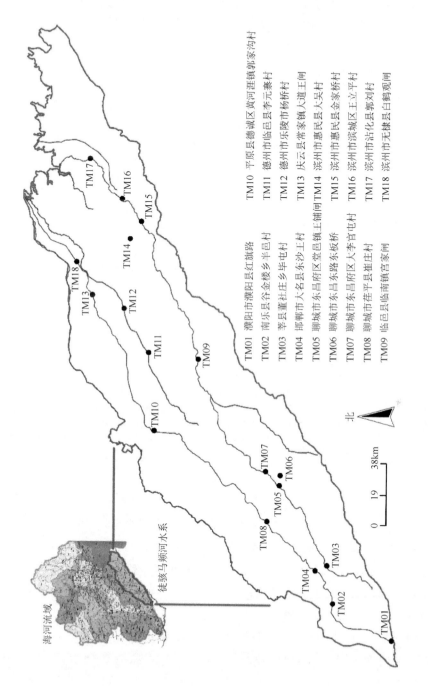

图 4-1　徒骇马颊河水系采样点位置分布

各样点沉积物平均粒径变化范围为 20.7～110.7μm，均值为 52.7μm，标准偏差为 18.2μm，其中最小值出现在德惠新河的 TM11 点，最大值点 TM14 在徒骇河的支流上。图 4-2 显示，除 TM7、TM11、TM13、TM14 外，徒骇马颊河水系上、下游沉积物总体平均粒径波动极小（均值 53.7μm，标准差 5.6μm），无明显变化趋势。徒骇马颊河水系地处华北平原，地势平坦，河道相对平直，支流较少，因而水动力条件较为单一，沉积环境相对稳定，导致沉积物粒度参数变化较小。

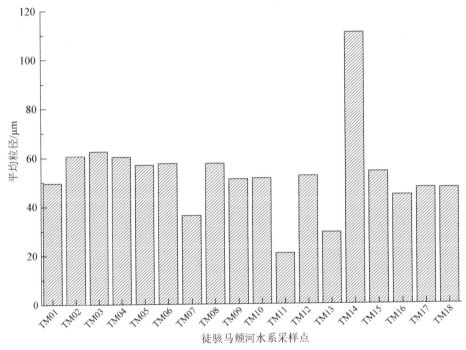

图 4-2　徒骇马颊河水系采样点平均粒径

沉积物样品组分构成见图 4-3，各样点黏土组分含量很低，范围在 0～5.4%，均值为 2.3%（标准偏差=1.4%），而砂和粉砂占绝对优势，粉砂含量均值为 64.9%（标准偏差=16.3%），砂含量均值为 32.7%（标准偏差=17.2%）。砂与粉砂含量较大波动决定了沉积物平均粒径的突变，同样除 TM7、TM11、TM13、TM14 外，各沉积物样品三个组分相对含量波动较小。

沉积物样品的分选系数、偏度和峰度变化趋势见图 4-4，分选系数变化范围为 0.7～1.75，均值为 1.31，除 TM14 分选较好外，其余分选均较差。偏度变化范围为 0.04～0.66，除 TM14 近对称外，其余点正偏或极正偏。从曲线变化可以看出，分选系数与偏度变化趋势相同。峰度变化范围为 0.87～1.76，其中 TM3、TM7、TM11、TM13 的峰态为正态，TM14 峰态为平坦，其余各点为尖锐型。

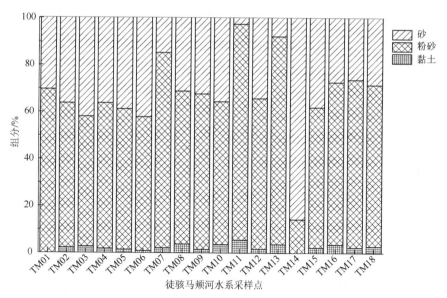

图 4-3　徒骇马颊河水系采样点沉积物组分

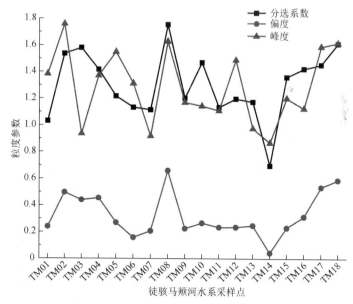

图 4-4　徒骇马颊河水系分选系数、偏度、峰度变化

徒骇马颊河水系各沉积物粒度频率曲线分布见图 4-5。其中，双峰曲线有 6 条，3 峰曲线有 6 条，4 峰曲线有 4 条，5 峰曲线有两条。马颊河的 TM04、TM08、TM10、TM18 为 4 峰或 5 峰，徒骇河下游的 TM15、TM16 为 4 峰，而中、上游以双峰为主。徒骇马颊河水系沉积物整体属于多峰分布，沉积物组分来源较复杂。

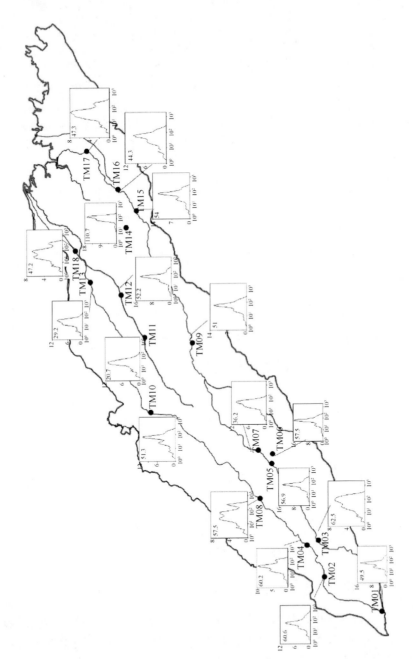

图 4-5　徒骇马颊河水系沉积物粒度频率曲线分布［曲线左上为平均粒径值（μm）］

综上所述，徒骇马颊河水系沉积物粒度参数空间变化较小，平均粒径的均值为 52.7μm，粉砂为优势组分，大部分沉积物样品为砂质粉砂，整体分选较差，呈正偏，峰态尖锐，徒骇河的频率曲线峰数以双峰为主，而马颊河以 4 峰或 5 峰为主。

4.2.2　漳卫河水系沉积物粒度空间分布

在漳卫河水系共设置采样点 28 个（图 4-6），其中在漳卫河北支清漳河、浊漳河与漳河上有 ZW01～ZW14 共 14 个采样点，在漳卫河南支的大沙河、淇河、安阳河、卫河上有 ZW15～ZW28 共 14 个采样点。

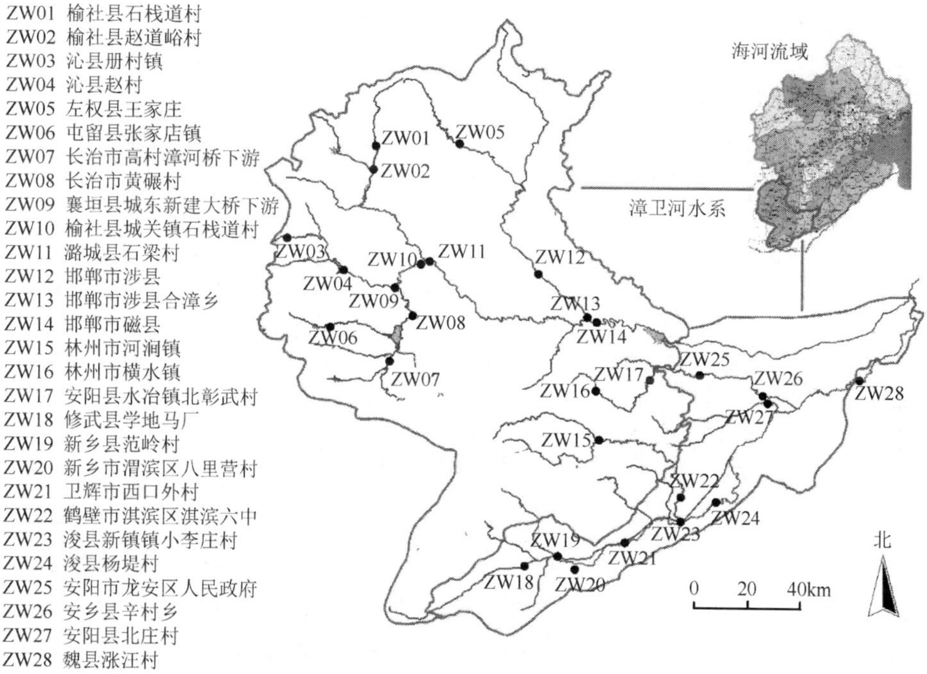
ZW01 榆社县石栈道村
ZW02 榆社县赵道峪村
ZW03 沁县册村镇
ZW04 沁县赵村
ZW05 左权县王家庄
ZW06 屯留县张家店镇
ZW07 长治市高村漳河桥下游
ZW08 长治市黄碾村
ZW09 襄垣县城东新建大桥下游
ZW10 榆社县城关镇石栈道村
ZW11 潞城县石梁村
ZW12 邯郸市涉县
ZW13 邯郸市涉县合漳乡
ZW14 邯郸市磁县
ZW15 林州市河涧镇
ZW16 林州市横水镇
ZW17 安阳县水冶镇北彰武村
ZW18 修武县学地马厂
ZW19 新乡县范岭村
ZW20 新乡市渭滨区八里营村
ZW21 卫辉市西口外村
ZW22 鹤壁市淇滨区淇滨六中
ZW23 浚县新镇镇小李庄村
ZW24 浚县杨堤村
ZW25 安阳市龙安区人民政府
ZW26 安乡县辛村乡
ZW27 安阳县北庄村
ZW28 魏县涨汪村
海河流域
漳卫河水系
北
0 20 40km

图 4-6　漳卫河水系采样点位置分布

各沉积物平均粒径值范围为 39.7～297μm，均值为 127μm，标准偏差为 69μm。图 4-7 表明，漳卫河水系北支平均粒径波动较大，ZW01～ZW14 平均粒径均值为 157.6μm，标准偏差为 81.7μm，最大值（ZW01）与最小值（ZW03）相差 257.3μm。漳卫河水系南支平均粒径变化相对北支波动较小，均值为 96.33μm，标准偏差为 34.1μm，除 ZW17 外，最大值（ZW20）与最小值（ZW16）差值为 76.3μm。而 ZW17 位于安阳河上小南海水库与彰武水库下游，平均粒径值突变可能与水库的干扰作用有关。漳卫河北支平均粒径大幅波动也与水库的作用有关，库上水流较缓泥沙易淤积，库下冲刷侵蚀严重，粗粒较多。北支位于漳卫河山区，建有众多中小型水库，如漳泽水库、关河水库、石匣水库等，同时山区水动力条件较强，细粒易随水流迁移。

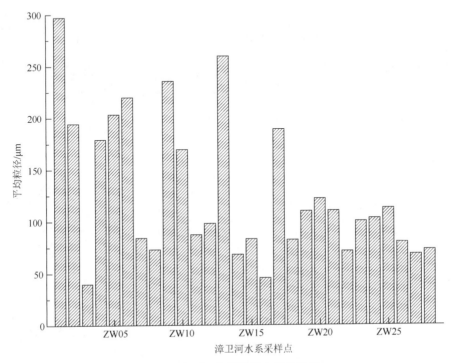

图 4-7　漳卫河水系采样点平均粒径

　　沉积物组分变化见图 4-8，黏土组分变化范围为 0～4.1%，漳卫河北支除 ZW03、ZW07、ZW11 黏土含量在 1%～2% 外，其余均在 1% 以下。漳卫河南支有 7 个样点黏土含量在 2% 以上，其中安阳河及其汇入后的卫河下游黏土含量均值为 2.6%。粉砂的含量在漳卫河北支波动较大，与平均粒径变化趋势一致，即粉砂含量增大、平均粒径减小，相反砂含量增大、平均粒径增大。而漳卫河南支除 ZW24 外，粉砂含量从 ZW17 逐渐增大，均值为 49.5%，粉砂与砂含量相差不大。

　　漳卫河水系沉积物样品的分选系数、偏度和峰度变化趋势见图 4-9，分选系数变化范围为 1.02～2.11，均值为 1.67，整体分选较差，偏度变化范围为 0.13～0.75。漳卫河水系北支有 4 个点为正偏，其余极正偏，南支只有一个点正偏，其余均极正偏，南支的分选系数与偏度变化趋势一致，而北支无此规律。峰度变化范围为 0.66～2.47，波动变化较大，峰态尖锐的有 17 个，平坦的有 9 个，两个为正态，其中卫河沉积物峰态相对平坦，其他河流无明显规律。

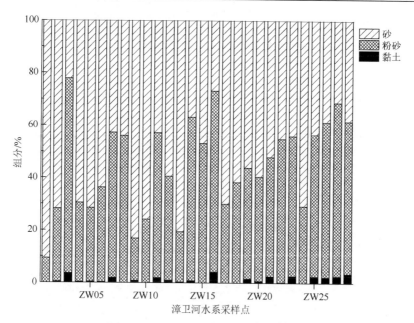

图 4-8　漳卫河水系采样点沉积物组分

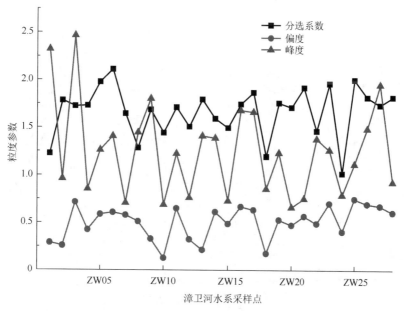

图 4-9　漳卫河水系分选系数、偏度、峰度变化

漳卫河水系各沉积物粒度频率曲线分布见图 4-10，单峰曲线 1 条，双峰曲线 6 条，3 峰曲线 11 条，4 峰曲线 6 条，5 峰曲线 4 条。漳卫河水系南支沉积物频率曲线峰数要多于北支，北支 4 峰以上的 3 个样点位于浊漳河最上游支流，而南支 4 峰以上沉积物主要位于安阳河及其汇入后的卫河。

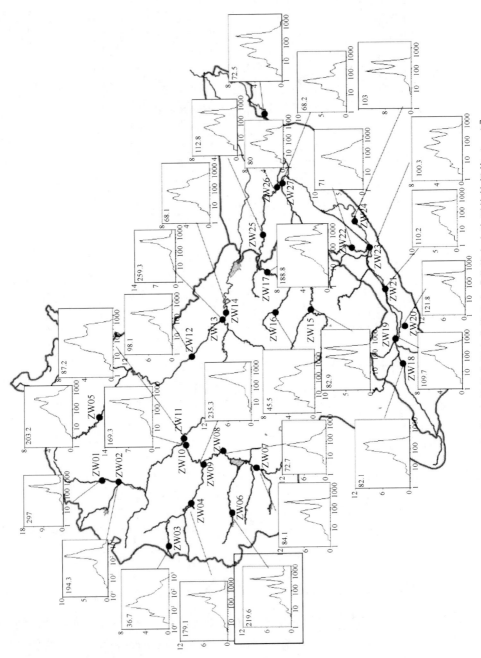

图 4-10　漳卫河水系沉积物粒度频率曲线分布 [曲线左上为平均粒径值（μm）]

综上所述，漳卫河水系北支清漳河与浊漳河沉积物平均粒径波动较大，均值为 157.6μm，而南支卫河波动很小，均值为 96.33μm。沉积物以砂质粉砂和粉砂质砂为主，分选较差，呈正偏或极正偏，峰态变化多为 3 峰以上。

4.2.3 黑龙港及运东水系沉积物粒度空间分布

在黑龙港及运东水系共布设 16 个采样点，主要分布在黑龙港河和宣惠河及其支流，包括清凉江、老盐河、江江河等（图 4-11）。

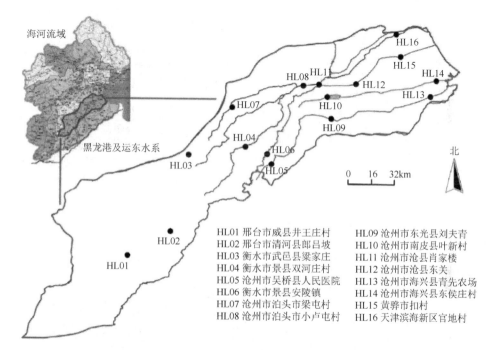

HL01 邢台市威县井王庄村	HL09 沧州市东光县刘夫青
HL02 邢台市清河县郎吕坡	HL10 沧州市南皮县叶新村
HL03 衡水市武邑县梁家庄	HL11 沧州市沧县肖家楼
HL04 衡水市景县双河庄村	HL12 沧州市沧县东关
HL05 沧州市吴桥县人民医院	HL13 沧州市海兴县青先农场
HL06 衡水市景县安陵镇	HL14 沧州市海兴县东侯庄村
HL07 沧州市泊头市梁屯村	HL15 黄骅市扣村
HL08 沧州市泊头市小卢屯村	HL16 天津滨海新区官地村

图 4-11 黑龙港及运东水系采样点位置分布

各沉积物平均粒径变化范围为 19.2～139.1μm，均值为 64.5μm，标准偏差为 38.1μm。平均粒径值整体波动较大，有先增大再减小的变化趋势（图 4-12），其中在大浪淀区域，HL9、HL10、HL11、HL12 四点沉积物平均粒径达到最大，均值为 122μm，最大值在大浪淀上游，为 139.1μm。其余各点沉积物平均粒径均值为 45.4μm，子水系上游与入海口区域平均粒径值接近。

黑龙港及运东水系各沉积物组分见图 4-13，黏土组分含量相对较小，范围为 0～11.4%，除 HL8 和 HL15 外，其余含量均低于 5%，而在平均粒径较高的 HL11、HL12 点为 0。粉砂和砂的含量范围分别为 35.4%～91.1%和 2.2%～64.6%，波动较大，上游地区以粉砂为主，大浪淀区域砂的含量增加，与平均粒径变化相对应，接近入海口区域黏土含量少量增加，同时粉砂含量急剧增加。

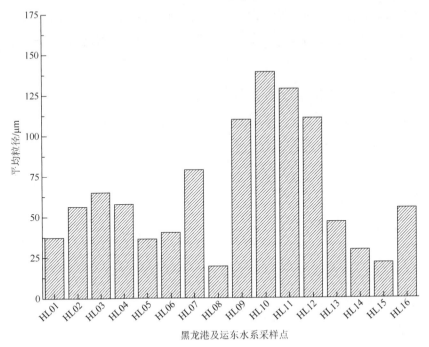

图 4-12　黑龙港及运东水系平均粒径分布

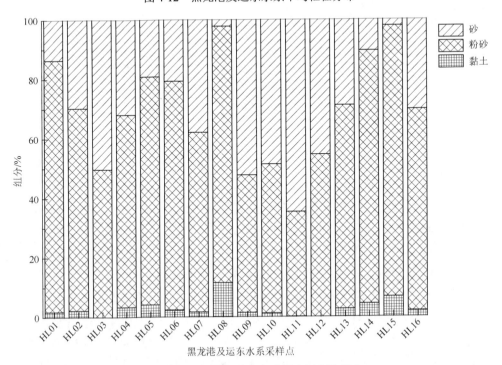

图 4-13　黑龙港及运东水系样点沉积物组分

各沉积物样品的分选系数、偏度和峰度变化曲线见图 4-14，分选系数、偏度与峰度三个参数的变化趋势基本一致。分选系数变化范围为 0.74~1.98，除 HL03 点分选中等外，其余各点分选较差；偏度范围为 0.19~0.75，其中 4 个样点为正偏，其余均极正偏；峰度变化范围为 0.73~2.72，其中中下游 HL08、HL09、HL10、HL11、HL14、HL15 为正态或平坦，其他峰态均为尖锐。

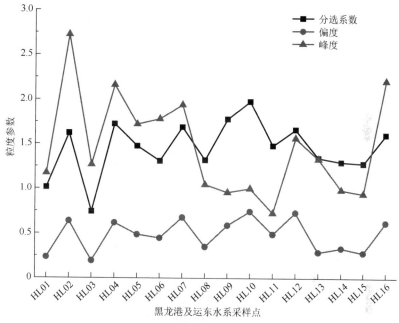

图 4-14　黑龙港及运东水系分选系数、偏度、峰度变化

黑龙港及运东水系各沉积物粒度频率曲线分布见图 4-15，其中双峰曲线有 3 条，3 峰曲线有 7 条，4 峰曲线有 5 条，5 峰曲线有 1 条。上游以双峰为主，中游大浪淀区域以 3 峰为主，下游靠近入海口以 4 峰为主，从黑龙港及运东水系上游到下游，粒度频率峰数逐渐增加。黑龙港及运东地处华北平原，下游地区河道交错，城市较多，有较大城市沧州，而且有多条人工河道，如北排水河、南大排水河、子牙新河等，因此河床沉积物受人为干扰较大，粒度频率曲线呈多峰分布。

综上所述，黑龙港及运东水系沉积物平均粒径从上游到下游有先增大后减小的变化趋势，在中游大浪淀区域达到最大，均值为 122μm，其余各点均值为 45.4μm，上游与下游相差较小。粉砂是优势组分，沉积物总体上以粉砂和砂质粉砂为主，整体分选较差，呈正偏或极正偏，多峰分布峰态尖锐且从上游到下游峰数有增加的趋势。

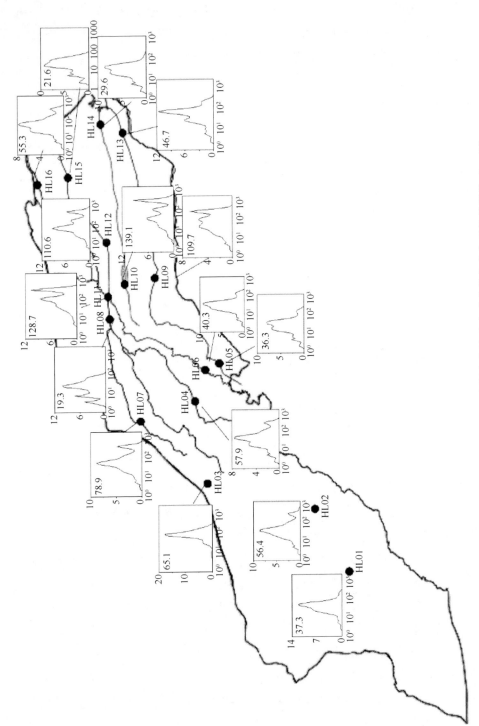

图 4-15　黑龙港及运东水系沉积物粒度频率曲线分布［曲线左上为平均粒径值（μm）］

4.2.4 子牙河水系沉积物粒度空间分布

在子牙河水系共设置采样点 81 个，分布在子牙河上游两大支流及其众多支流上。北支滹沱河及其支流上有 ZY01~ZY14 共 14 个采样点，其中黄壁庄水库下游滹沱河段干枯，样点主要分布在水库上游；南支滏阳河（包括滏阳新河和滏东排河）及其支流上有 ZY15~ZY81 共 67 个采样点（图 4-16）。

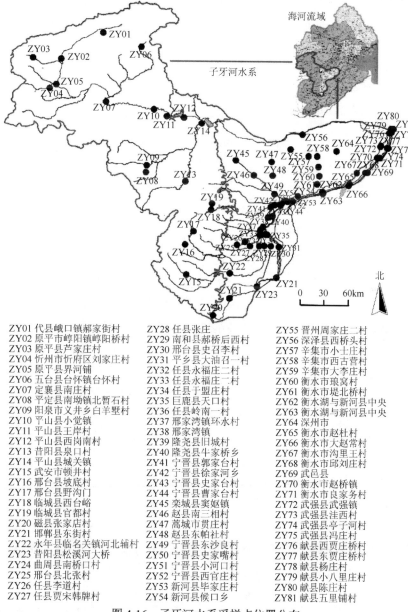

ZY01 代县峨口镇郝家街村	ZY28 任县张庄	ZY55 晋州周家庄二村
ZY02 原平市崞阳镇崞阳桥村	ZY29 南和县郝桥后西村	ZY56 深泽县西桥头村
ZY03 原平县芦家庄村	ZY30 邢台县史召李村	ZY57 辛集市小士庄村
ZY04 忻州市忻府区刘家庄村	ZY31 平乡县大油召一村	ZY58 辛集市西古营村
ZY05 原平界河铺	ZY32 任县永福庄二村	ZY59 辛集市大李庄村
ZY06 五台县台怀镇台怀村	ZY33 任县永福庄二村	ZY60 衡水市琅窝村
ZY07 定襄县南庄村	ZY34 任县于盟庄村	ZY61 衡水市堤北桥村
ZY08 平定县南坳镇北暂石村	ZY35 巨鹿县天口村	ZY62 衡水湖与新河县中央
ZY09 阳泉市义井乡白羊墅村	ZY36 任县岭南一村	ZY63 衡水湖与新河县中央
ZY10 平山县小觉镇	ZY37 邢家湾镇环水村	ZY64 深州市
ZY11 平山县王岸村	ZY38 邢家湾镇	ZY65 衡水市赵杜村
ZY12 平山县西岗南村	ZY39 隆尧县旧城村	ZY66 衡水市大赵常村
ZY13 昔阳县泉口村	ZY40 隆尧县牛家桥乡	ZY67 衡水市沟里王村
ZY14 平山县城关镇	ZY41 宁晋县郭家台村	ZY68 衡水市邱刘庄村
ZY15 武安市顿井村	ZY42 宁晋县徐家台村	ZY69 武邑县
ZY16 邢台县坡底村	ZY43 宁晋县史家台村	ZY70 衡水市赵桥镇
ZY17 邢台县野沟门	ZY44 宁晋县曹家台村	ZY71 衡水市良家务村
ZY18 临城县西台峪	ZY45 栾城县窦姬镇	ZY72 武强县武强镇
ZY19 临城县官都村	ZY46 赵县南三相村	ZY73 武强县洼西村
ZY20 磁县张家店村	ZY47 藁城县贯庄村	ZY74 武强县亭子河村
ZY21 邯郸县东街村	ZY48 赵县东帕社村	ZY75 武强县冯庄村
ZY22 永年县临名关镇河北辅村	ZY49 宁晋县东沙良村	ZY76 献县西贾庄桥村
ZY23 昔阳县松溪河大桥	ZY50 宁晋县史家嘴村	ZY77 献县东贾庄桥村
ZY24 曲周县南桥口村	ZY51 宁晋县小河口村	ZY78 献县杨庄村
ZY25 邢台县北张村	ZY52 宁晋县西官庄村	ZY79 献县小八里庄村
ZY26 任县李道村	ZY53 新河县毕家庄村	ZY80 献县陈庄村
ZY27 任县贾宋韩牌村	ZY54 新河县候口乡	ZY81 献县五里铺村

图 4-16 子牙河水系采样点位置分布

北支滹沱河（ZY01～ZY14）沉积物平均粒径变化范围为 61.6～408.2μm，均值为 153.7μm，标准偏差是 95.1μm，波动较大。图 4-17 中平均粒径比较结果显示，滹沱河水系沉积物的平均粒径总体大于滏阳河水系，滏阳河水系沉积物 ZY15～ZY81（除去在滹沱河下游的 ZY56）平均粒径均值为 85.2μm，标准偏差为 61μm，南支滏阳河水系粒径极大值点较集中出现在衡水湖上游的滏阳新河区段。子牙河水系沉积物平均粒径总体波动较大，大部分沉积物粒径变化范围为 25～150μm。

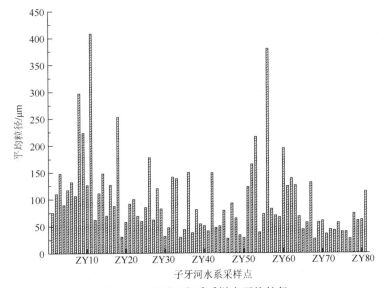

图 4-17　子牙河水系采样点平均粒径

沉积物组分变化见图 4-18，北支滹沱河水系黏土含量几乎为 0，滏阳河水系上游支流在山区一侧黏土组分为 0，沿下游逐渐增大，但在连接石津总干渠及滏阳新河的支流上（ZY57～ZY63）黏土含量为 0，其余各点范围为 0～8.55%，均值为 2.7%。ZY01～ZY11 砂为优势组分，含量为 44.5%～77.8%，ZY12～ZY81 粉砂为优势组分，均值为 56.8%。

子牙河水系沉积物样品的分选系数、偏度和峰度变化趋势见图 4-19，分选系数变化范围为 0.79～2.34，整体分选较差。偏度范围为 0.17～0.79，整体呈极正偏。峰度变化范围为 0.56～2.94，北支滹沱河水系峰态相对平坦，14 个样点中有 9 个峰态为正态、平坦或很平坦，南支滏阳河水系峰态呈尖锐分布，67 个样点中仅有 17 个为非尖锐峰态，且非集中分布。

子牙河水系沉积物样品粒度频率曲线分布见图 4-20，其中双峰曲线有 12 条，3 峰曲线有 34 条，4 峰曲线有 26 条，5 峰曲线有 9 条。子牙河水系沉积物整体上以 3、4 峰为主，占总体比例约 74%。北支滹沱河以双峰和 3 峰沉积物为主，也存在少量 4 峰沉积物。南支滏阳河以 3、4 峰为主，4 峰沉积物较集中出现在 ZY34～

ZY55 这一区间，即宁晋泊到汪洋沟汇入滏阳河之前，5 峰较集中在滏阳河水系下游接近献县的河段上。

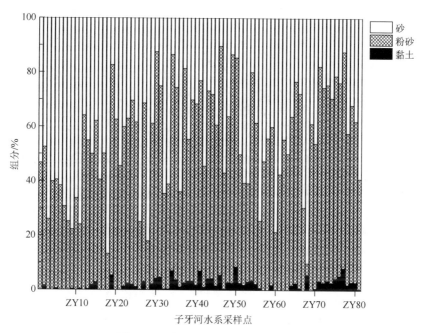

图 4-18　子牙河水系样点沉积物组分

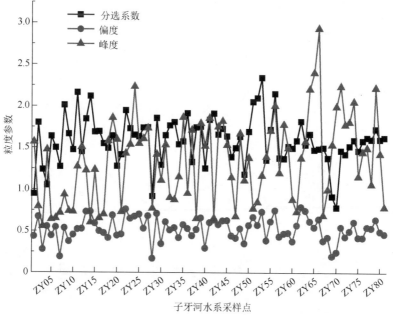

图 4-19　子牙河水系分选系数、偏度、峰度变化

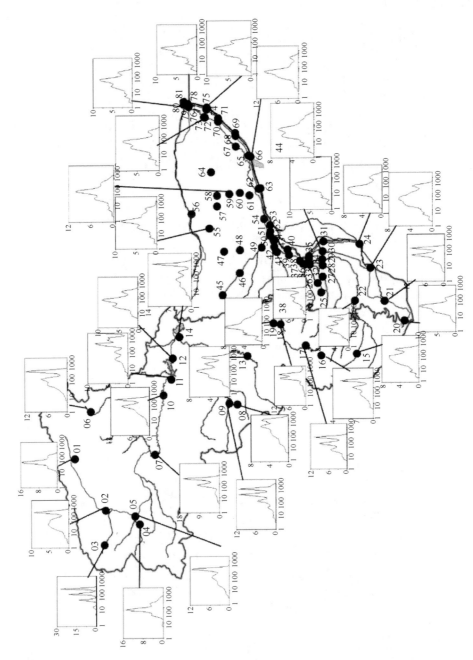

图 4-20 子牙河水系沉积物粒度频率曲线分布 [曲线左上为平均粒径值（μm）]

综上所述，子牙河水系北支滹沱河沉积物平均粒径（均值为 153.7μm）高于南支滏阳河水系（均值为 85.2μm），总体平均粒径波动很大，标准偏差为 72.3μm。北支滹沱河水系沉积物黏土含量为 0，砂为优势组分，南支滏阳河水系沉积物黏土含量平均为 2.7%，粉砂为优势组分。子牙河水系沉积物主要以砂质粉砂和粉砂质砂为主，占总体的 80%左右，整体分选较差，呈极正偏。滹沱河水系峰态较平坦，滏阳河水系峰态较尖锐。北支滹沱河水系沉积物以双峰和 3 峰为主，南支滏阳河水系以 3、4 峰为主。

4.2.5　大清河水系沉积物粒度空间分布

在大清河水系共设置 37 个采样点，西大洋水库、龙门水库及上游区域水库众多，地处大清河山区，有 DQ01～DQ10 共 10 个采样点，白洋淀及其上游众多支流位于大清河淀西平原，有 DQ11～DQ23 共 13 个采样点，白洋淀下游大清河及独硫碱河区域为大清河淀东平原，有 DQ24～DQ37 共 14 个采样点（图 4-21）。

DQ01 阜平县法华村	DQ21 安新县西向阳村
DQ02 灵寿县南台头村	DQ22 安新县新安镇
DQ03 阜平县桑园村	DQ23 雄县新盖房村
DQ04 阜平县神台村	DQ24 文安县史各庄镇
DQ05 唐县倒马关	DQ25 任邱县高屯
DQ06 易县紫荆关	DQ26 文安县八里庄村
DQ07 唐县中唐梅村	DQ27 霸州市胜芳闸
DQ08 满城县西龙门乡龙门水库	DQ28 静海县东子牙村
DQ09 易县安各庄水库	DQ29 静海县台头镇一堡村
DQ10 北京市房山区张坊镇张坊村	DQ30 静海县台头镇建设村
DQ11 曲阳县岸下村	DQ31 天津西青区杨芬港四村
DQ12 北京市房山区琉璃河镇	DQ32 静海县独流减镇第六埠村
DQ13 新乐市承安镇	DQ33 天津西青区当城村
DQ14 定兴县大沟村	DQ34 天津市西青区西琉城
DQ15 涿州市码头镇东	DQ35 静海县大泊村
DQ16 安国市大户村	DQ36 天津西青区北台村
DQ17 安国市南阳村	DQ37 天津滨海新区海景大道
DQ18 涿县东茨村	
DQ19 高阳县东方扬水站	
DQ20 安新县韩村	

图 4-21　大清河水系采样点位置分布

　　DQ01～DQ18 平均粒径波动很大（图 4-22），除 DQ08 为极小点外（30.7μm），其他各点变化范围为 104.8～802.3μm，均值为 305.9μm，标准偏差为 208.8μm。这 18 个样点位于大清河淀西山区及山区与平原过渡带，水库众多，河道人为干扰强烈，因此平均粒径波动极大。而 DQ19～DQ23 位于白洋淀淀区上游或各支流，紧邻白洋淀，受淀区沉积环境的影响，粒径显著减小，趋于一致，均值为 50.8μm，标准偏差为 13.9μm。DQ24～DQ37 中除 DQ28 粒径突增（508.4μm），其余各点平均粒径范围为 33.1～106.5μm，均值为 54.9μm，标准偏差 21.8μm。

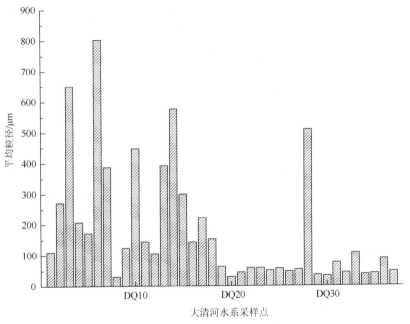

图 4-22　大清河水系采样点平均粒径

　　沉积物组分变化规律如下：黏土组分整体分布范围为 0～7.9%，在白洋淀以上区域，黏土少量出现在山区和淀西平原过渡带上，而白洋淀及以下区域黏土含量较高，接近入海口有下降的趋势，DQ01～DQ18 砂是优势组分，均值为 73.4%，DQ19～DQ37 粉砂为优势组分，均值为 63.5%（图 4-23）。

　　大清河水系沉积物样品的分选系数、偏度和峰度变化趋势见图 4-24。分选系数变化范围为 0.55～2.61，DQ01～DQ18 分选系数波动较大，DQ19 及之后各点变化相对较小，DQ32～DQ37，分选性有变好的趋势，但整体分选依然较差。偏度范围为-0.01～0.71，整体呈正偏或极正偏。峰度变化范围为 0.61～2.99，DQ01～DQ18 中有 7 个采样点峰态为平坦或正态，其余为尖锐，而白洋淀区域及其下游沉积物峰态为尖锐，接近入海口又出现平峰或正态分布。

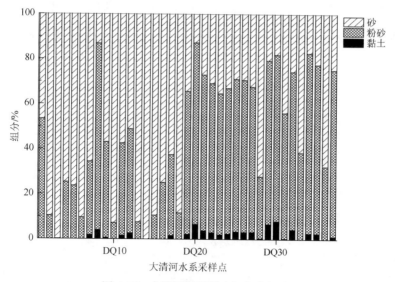

图 4-23　大清河水系样点沉积物组分

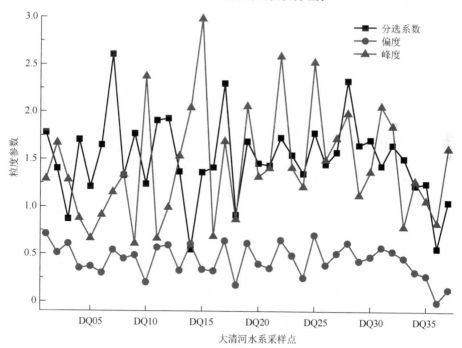

图 4-24　大清河水系分选系数、偏度、峰度变化

　　大清河水系各沉积物粒度频率曲线分布见图 4-25，其中单峰曲线 1 条，双峰曲线 4 条，3 峰曲线 12 条，4 峰曲线 13 条，5 峰曲线 7 条，3 峰以上的多峰沉积物占到整体的 80% 左右。白洋淀以上区域较多出现双峰与 3 峰分布，白洋淀及其下游区域多为 4、5 峰分布。

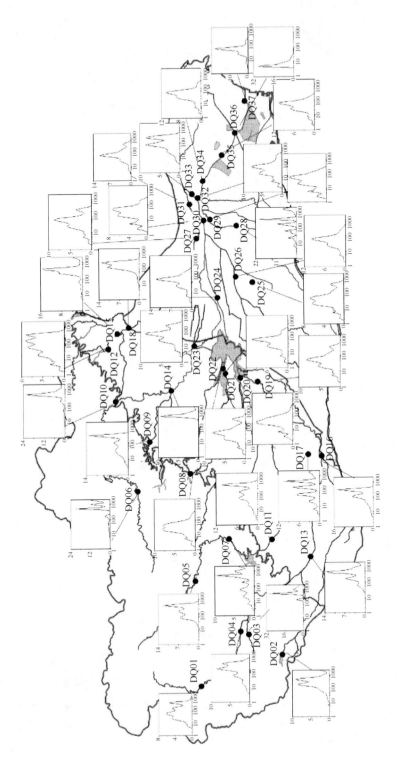

图 4-25　大清河水系沉积物粒度频率曲线分布 [曲线左上为平均粒径值（μm）]

综上所述，大清河水系各样点沉积物粒度参数以白洋淀为界形成不同的分布规律。白洋淀上游地区的平均粒径波动很大，均值为 305.9μm，白洋淀及其下游地区平均粒径波动很小，均值为 53.8μm，远小于上游山区及淀西平原样点。白洋淀上游砂含量较多，而下游粉砂含量明显增大。整体分选较差，其中白洋淀上游分选系数波动较大，沉积物呈正偏，白洋淀上游及入海口附近峰态出现较平坦分布，而下游呈现尖锐峰态。

4.2.6　永定河水系沉积物粒度空间分布

在永定河水系上游两大支流桑干河和洋河上共设置 27 个采样点，以册田水库为界将此区域分为两部分，册田水库以上山区设 12 个采样点，册田水库以下至三家店设 15 个采样点（图 4-26）。

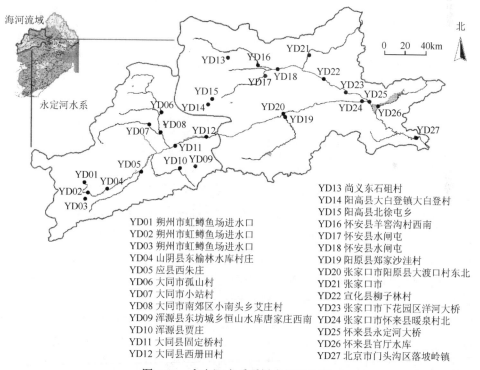

YD13 尚义东石砠村
YD14 阳高县大白登镇大白登村
YD15 阳高县北徐屯乡
YD16 怀安县羊窖沟村西南
YD17 怀安县水闸屯
YD18 怀安县水闸屯
YD19 阳原县郑家沙洼村
YD20 张家口市阳原县大渡口村东北
YD21 张家口市
YD22 宣化县柳子林村
YD23 张家口市下花园区洋河大桥
YD24 张家口市怀来县暖泉村北
YD25 怀来县永定河大桥
YD26 怀来县官厅水库
YD27 北京市门头沟区落坡岭镇

YD01 朔州市虹鳟鱼场进水口
YD02 朔州市虹鳟鱼场进水口
YD03 朔州市虹鳟鱼场进水口
YD04 山阴县东榆林水库村庄
YD05 应县西朱庄
YD06 大同市孤山村
YD07 大同市小站村
YD08 大同市南郊区小南头乡艾庄村
YD09 浑源县东坊城乡恒山水库唐家庄西南
YD10 浑源县贾庄
YD11 大同县固定桥村
YD12 大同县西册田村

图 4-26　永定河水系采样点位置分布

图 4-27 显示册田水库以上 12 个采样点沉积物平均粒径均值为 172μm，标准偏差为 232.2μm，YD08 和 YD11 两点平均粒径远大于其他点，分别为 812.8μm 和 462μm。YD08 在桑干河支流饮马河下游，而 YD11 位于饮马河汇入干流后册田水库上游，粒径突变的原因可能与附近大同市及册田水库产生人为影响有关。除此两点其余各点平均粒径均值为 78.9μm，标准偏差为 33.8μm。册田水库以下区域

15 个采样点沉积物平均粒径为 160.1μm，标准偏差为 188.6μm，其中 YD16 值最大，为 780.4μm，其次为 YD13、YD18、YD22，这 3 点平均粒径值也远高于其他点。这 4 个点位于洋河上游以及其支流东洋河，而东洋河上游建有友谊水库，水库的存在导致其下游河道沉积物粒度增大，除此 4 点，其余沉积物粒径均值为78.9μm。除 6 个平均粒径突变点，两个区域平均粒径均值恰好相等，均为 78.9μm，可以代表永定河水系粒径的平均趋势。

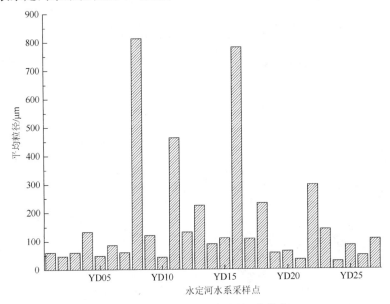

图 4-27　永定河水系采样点平均粒径

各样点黏土组分变化范围为 0～5.74%(图 4-28)，其中 8 个点黏土含量为 1%～3.5%，其余 19 个点含量几乎为 0。黏土组分较大的点主要集中在洋河与桑干河汇入处及附近官厅水库上游，主要原因是大型水库存在，水流缓慢，黏土组分易淤积。册田水库以下至三家店区域中，洋河上游东洋河、西洋河与南洋河沉积物中砂为优势组分，桑干河与洋河汇入处粉砂为优势组分。

永定河水系沉积物样品的分选系数、偏度和峰度变化趋势见图 4-29。分选系数变化范围为 0.68～1.89，均值为 1.21，其中有 1 个分选较好，8 个中等，其余分选较差。册田水库以上区域，分选相对较好的在桑干河上游支流恢河和源子河处，以及其支流饮马河与十里河上。册田水库至三家店区间，分选相对较好的采样点集中在洋河上游支流东洋河和南洋河上。偏度变化范围为 0.09～0.73，除 YD07近对称分布外，其余点均正偏或极正偏。峰度变化范围为 0.69～3.42，册田水库以上区域有 YD02 和 YD08 两点正态分布，其余呈尖锐分布，册田水库以下区域中，出现峰态平坦的采样点（YD15、YD17、YD18），主要集中在洋河上游的南洋河上，其余点为尖锐型。

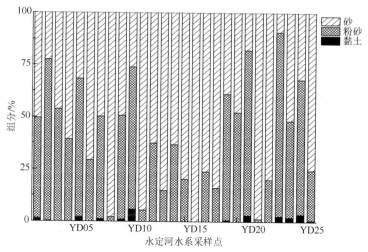

图 4-28　永定河水系样点沉积物组分

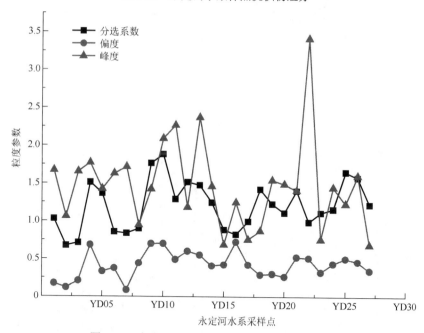

图 4-29　永定河水系分选系数、偏度、峰度变化

　　永定河水系各沉积物粒度频率曲线分布见图 4-30，其中双峰曲线 7 条，3 峰曲线 4 条，4 峰曲线 11 条，5 峰曲线 5 条。册田水库以上区域沉积物以 4 峰和 5 峰为主，在上游恢河和源子河交汇处为双峰或 3 峰（YD02～YD04）。册田水库以下两峰和 3 峰沉积物与 4、5 峰沉积物各占约 50%，其中在洋河和桑干河中下游至官厅水库前以双峰沉积物为主（YD20～YD24），而官厅水库及其下游多为 4、5 峰（YD25～YD27）。

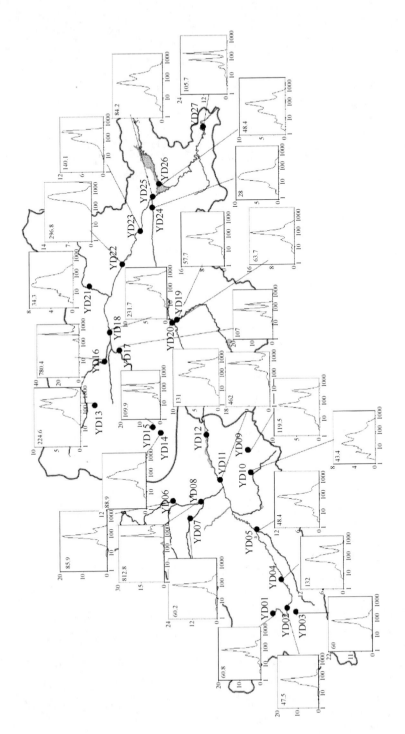

图 4-30　永定河水系沉积物粒度频率曲线分布 [曲线左上为平均粒径值（μm）]

综上所述，由于水库及城市化的人为干扰，个别点位永定河水系沉积物平均粒径发生突变，达到 200μm，最高点甚至超过 800μm，而其余各点平均粒径为78.9μm，波动不大。黏土组分普遍在 3.5%以下，多集中在官厅水库上游。从三角组分划分来看，各沉积物总体分布比较分散，以砂类沉积物为优势组分。分选中等的沉积物集中在洋河和桑干河的支流上游地区，其余分选较差，偏度呈正偏或极正偏，平峰出现在洋河上游的南洋河上，其余大部分为尖锐。洋河和桑干河中下游至官厅水库前以双峰沉积物为主，其余多为 4、5 峰型。

4.2.7　北三河水系沉积物粒度空间分布

在北三河水系共设置 47 个采样点。其中北三河山区，包括官厅水库上游潮河、汤河、黑河、白河、温榆河上游及怀柔水库上游，设置 BJ01～BJ08 共 8 个采样点；在北四河下游平原，包括北运河、北京排污河、潮白河、潮白新河、蓟运河、永定新河等设置 BJ09～BJ47 共 39 个采样点（图 4-31）。

沉积物平均粒径分布图显示（图 4-32），BJ01～BJ10 及 BJ16 中有 8 个采样点沉积物平均粒径超过 100μm，其余的 36 个采样点中仅有 BJ13、BJ20、BJ35 平均粒径超过 100μm。BJ01～BJ08 位于北三河山区，BJ09、BJ10、BJ16 分别在蓟运河上游支流和潮白河上，三点地理位置靠近山区，而且 BJ10 在密云水库和怀柔水库的下游，BJ16 位于于桥水库下游，受水库影响较大。这 11 个采样点平均粒径均值为 184.9μm，标准偏差为 116.9μm，波动变化较大，其余平原上各点平均粒径均值为 59.7μm，标准偏差为 28.6μm，对比山区变化较小。

北三河水系各沉积物组分见图 4-33，黏土组分在北三河山区中出现在密云水库上游支流潮河上，而在山区与平原过渡带含量为 0，下游平原区沉积物样品中普遍存在黏土成分，均值为 3.15%。粉砂含量在山区与平原过渡带（BJ06、BJ08、BJ10）含量低于 10%，向下游有波动增大的趋势，Pearson 相关系数为 0.592（p=0.01），含量接近 80%。

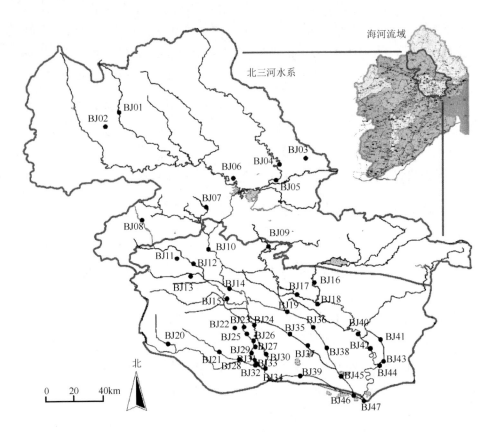

BJ01 北京市延庆县妫水河橡胶坝下喜峰寨西
BJ02 北京市延庆县妫水河橡胶坝下
BJ03 北京市海淀区龚庄子
BJ04 北京市密云县古北口乡北甸子林
BJ05 北京市密云县古北口镇
BJ06 北京市密云县石佛
BJ07 北京市昌平县桃峪口
BJ08 北京市昌平县锥石口
BJ09 北京市平谷县岳各庄
BJ10 北京市顺义区人民法院东侧
BJ11 北京市朝阳区杨坊
BJ12 北京市朝阳区苇沟
BJ13 北京市朝阳区三叉河村
BJ14 北京市通县兴各庄镇
BJ15 北京市通州区榆林庄
BJ16 天津市蓟县河西镇村
BJ17 天津市宝坻区老高寨村
BJ18 天津市宝坻区九王庄村
BJ19 天津市宝坻区史各庄乡
BJ20 北京市大兴区南各庄
BJ21 河北廊坊市大王务
BJ22 天津市武清区前侯尚村
BJ23 天津市武清区孝力村
BJ24 天津市武清区北三里屯村

BJ25 天津市武清区新房子村
BJ26 天津市武清区杨店村
BJ27 天津市武清区泗后庄村
BJ28 天津市武清区眷兹村
BJ29 天津市武清区大南宫村
BJ30 天津市武清区八孔闸路
BJ31 天津市武清区西柳行村
BJ32 天津市武清区城上村
BJ33 天津市武清区东洲村
BJ34 天津市武清区高楼村/老米店村
BJ35 天津市宝坻区东十字港
BJ36 天津市宝坻区河北庄村
BJ37 天津市宝坻区八道沽村
BJ38 天津市宝坻区大白庄镇大刘坡
BJ39 天津市北辰区姚庄子村
BJ40 天津市宁河县大辛庄村
BJ41 天津市宁河县西魏甸村
BJ42 天津市宁河县宁河镇宁河二村
BJ43 河北省唐山市丰南区东崔庄村
BJ44 天津市宁河县曹庄村
BJ45 天津市宁河县乐善庄村
BJ46 天津市滨海新区西村
BJ47 天津市滨海新区三河岛

图 4-31　北三河水系采样点位置分布

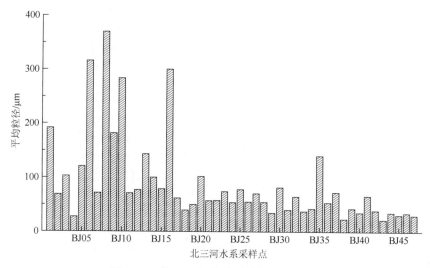

图 4-32　北三河水系沉积物平均粒径分布

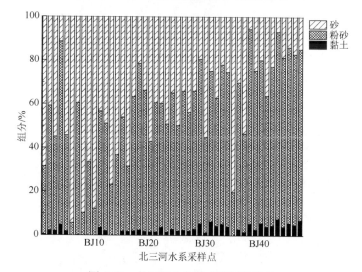

图 4-33　北三河水系样点沉积物组分

各沉积物样品的分选系数、偏度和峰度变化曲线见图 4-34。分选系数变化范围为 0.53～2.47，整体分选较差。偏度变化范围为 0.18～0.67，整体呈极正偏。峰度变化范围为 0.68～2.72，在温榆河下游及北运河上游集中出现较平坦峰态分布，其余各点呈尖锐峰态分布。

北三河水系部分沉积物粒度频率曲线分布见图 4-35，其中双峰曲线有 6 条，3 峰曲线有 13 条，4 峰曲线有 18 条，5 峰曲线有 10 条。BJ01～BJ10 大多为双峰或 3 峰分布，北三河平原区多为 4、5 峰，其中北运河下游和北京排污河下游分布尤为集中。

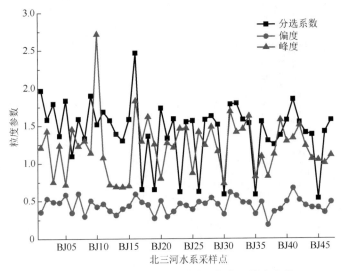

图 4-34　北三河水系分选系数、偏度、峰度变化

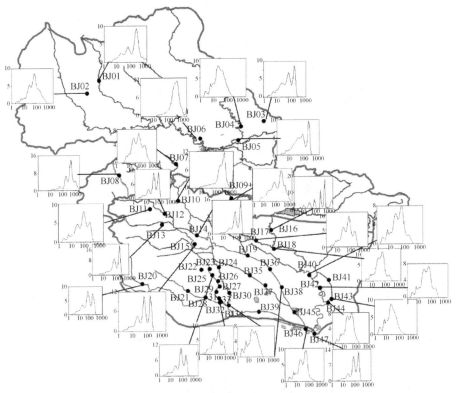

图 4-35　北三河水系部分沉积物粒度频率曲线分布 [曲线左上为平均粒径值（μm）]

　　综上所述，北三河山区及接近山区的平原地带沉积物平均粒径波动较大，均值为 184.9μm，而北四河平原水系中下游地区平均粒径相对山区较小，均值为 59.7μm。

黏土组分主要集中在密云水库上游支流潮河及北四河平原水系中、下游地区，平均含量为 3.15%。粉砂从山区到平原有波动增大的趋势，最高达 80% 左右。沉积物中砂质粉砂比例达到 50%，整体分选较差，呈极正偏。温榆河下游北运河上游区间河段峰态较平坦，其余呈尖锐分布。山区沉积物多为双峰或 3 峰分布，而平原区多 4、5 峰。

4.2.8　滦河水系沉积物粒度空间分布

在滦河水系共设置 49 个采样点。以闪电河水库下游为起点，在滦河山区有 LH01～LH41 共 41 个采样点，分布在滦河干流以及各支流上，在滦河平原及冀东沿海诸河区域设置 LH42～LH49 共 8 个采样点（图 4-36）。

LH01 沽源县西河沿
LH02 沽源县邵家营子
LH03 沽源县寒北管理区蒙古大营
LH04 多伦县上都河奶厂 a
LH05 多伦县上都河奶厂 b
LH06 多伦县白城子东滩
LH07 多伦县黄旗营房
LH08 多伦县曲家湾
LH09 多伦县红旗营房
LH10 丰宁满族自治县外沟门
LH11 丰宁满族自治县下平房
LH12 围场县北山咀
LH13 隆化县沟台子
LH14 隆化县郭家屯镇
LH15 围场县腰站乡
LH16 围场县谢家营
LH17 围场县海岱沟门
LH18 丰宁满族自治县门营村
LH19 丰宁满族自治县陶来营村
LH20 隆化县洞子沟

LH21 隆化县闹海营
LH22 隆化县南营子
LH23 滦平县窑沟门村
LH24 滦平县张百湾
LH25 滦平县韩营
LH26 承德双滦区滦河镇大龙王庙村
LH27 承德市承德县高寺台镇
LH28 承德县上板城镇小白河南
LH29 兴隆县下台子
LH30 承德县山湾子
LH31 承德县临水街
LH32 承德县荷子窝
LH33 兴隆县马圈子村
LH34 迁西县大公家峪村
LH35 迁西县大黑汀村
LH36 迁安市马兰庄村
LH37 青龙满族自治县南坎子村
LH38 青龙满族自治县白城子村
LH39 卢龙县桃林口村
LH40 迁安县冷口村

LH41 卢龙县新庄子
LH42 唐山市古治区雷庄镇
LH43 唐山市丰南区大韩庄村
LH44 滦南县司各庄镇
LH45 滦南县方泡村
LH46 昌黎县王家楼村
LH47 卢龙县大王柳河村
LH48 秦皇岛市小陈庄
LH49 昌黎县歇马台村

图 4-36　滦河子水系采样点位置分布

沉积物平均粒径柱状图（图 4-37）变化显示，LH01～LH32 与 LH33～LH49
两部分平均粒径变化差异显著，其中 LH01～LH32 位于滦河水系潘家口及大黑汀
水库的上游地区，除去粒径极值点 LH08，这部分采样点平均粒径变化范围为
30.7～247.1μm，均值为 120.7μm，标准偏差为 55μm，SPSS 相关分析得出，Pearson
相关系数为-0.547（p=0.01），沉积物平均粒径从上游到下游有减小的趋势。而
LH33～LH49 这部分沉积物平均粒径波动极大，变化范围为 25.7～922.8μm，均值
为 214.5μm，标准偏差 236.1μm，明显大于水库上游地区。滦河中下游地区建
有潘家口、大黑汀、桃林口等大中型水库，这三个水库控制了下游地区流域面积
的 90%（张丽云等，2012），对河水流速流量及河道干扰作用明显，导致这一地区
出现沉积物粒度显著高于上游山区的现象。

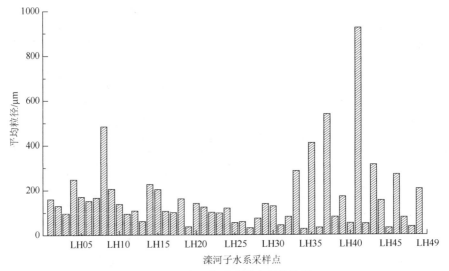

图 4-37　滦河水系采样点平均粒径

从沉积物组分分布（图 4-38）来看，黏土含量变化范围为 0～5.49%，LH01～
LH18 黏土含量基本为 0，即在滦河水系上游支流闪电河、小滦河所在子流域，沉
积物由砂和粉砂组成，其中砂是优势组分，含量平均为 82.6%。黏土在 LH18 点
后开始出现，同时粉砂含量逐渐增大，砂与粉砂含量达到平衡，在 LH32 点后，
粉砂与砂含量此消彼长波动明显，与平均粒径的变化一致，这一区域受大型水库
的控制作用明显，导致一些样点沉积物完全由砂构成。

滦河水系沉积物样品的分选系数、偏度和峰度变化趋势见图 4-39。分选系数
变化范围为 0.44～2.04，其中 LH01～LH14 这 14 个采样点中有 11 个采样点分选
较好或中等，说明滦河上游支流闪电河及小滦河流域整体分选较好。而滦河水系
中游地区（LH15～LH38）分选基本较差，下游平原地区分选较好与较差各占 50%。
偏度变化范围为-0.24～0.71，在 LH10 和 LH49 两点出现负偏，其他各点大部分

呈正偏或极正偏。峰度变化范围为 0.61～3.02，在滦河上游闪电河及中、上游支流伊逊河上的沉积物峰态平坦，LH23～LH38 所在的中游区域峰态呈尖锐或极尖锐分布，而沿海平原区峰态变化较大。

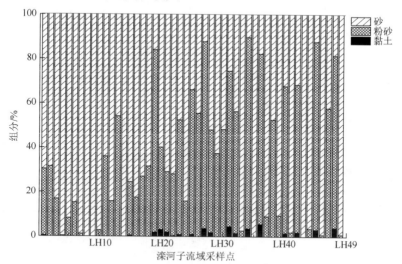

图 4-38　滦河水系样点沉积物组分

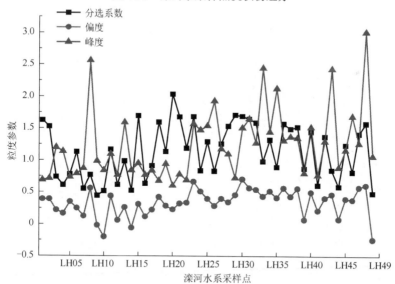

图 4-39　滦河水系分选系数、偏度、峰度变化

滦河水系各沉积物粒度频率曲线分布见图 4-40，49 个采样点中，单峰曲线有 8 条，双峰曲线有 17 条，3 峰曲线有 14 条，4 峰曲线有 9 条，5 峰曲线有 1 条。1～3 峰占总体的 80%左右，滦河上游支流闪电河、小滦河流域（LH01～LH14）沉积物主要为单峰及双峰分布，滦河水系中游地区（LH15～LH37）沉积物出现大量 3、4 峰分布，下游平原区多为双峰分布，并出现两处单峰分布、两处 4 峰分布。

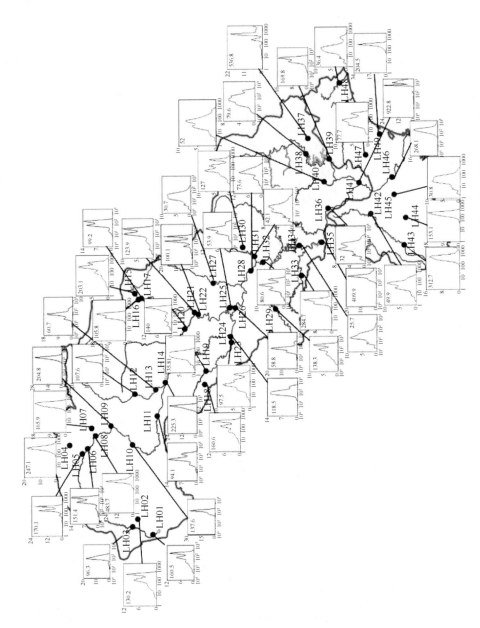

图 4-40 滦河水系沉积物粒度频率曲线分布 [曲线左上为平均粒径值（μm）]

综上所述，滦河水系沉积物平均粒径变化规律以中、下游潘家口和大黑汀水库为界，差别明显，上游平均粒径波动较小，均值为 120.7μm，标准偏差为 55μm。整体分布从上游至中游有逐渐变小的趋势，水库下游平均粒径波动极大，均值为 214.5μm，标准偏差为 236.1μm。上游粒径组分以砂为主，中游出现黏土成分，粉砂含量逐渐增大，下游平原地区粉砂与砂波动变化明显。滦河水系上游沉积物分选较好，中游地区分选较差，下游平原区分选好与差比例均等，整体呈正偏或极正偏。上游地区峰态平坦，中游地区峰态尖锐，下游平原区各沉积物峰态差别较大。整个水系沉积物以 1～3 峰为主，上游多为单、双峰，中游为 3、4 峰，下游平原多双峰同时存在少量 4 峰沉积物。

4.3　海河流域河流沉积物粒度参数空间分布的地理差异分析

4.3.1　海河流域沉积物粒度参数分布比较

本节对海河流域的沉积物粒度参数分布进行了比较，参数包括沉积物平均粒径均值、各水系采样点平均粒径分布、沉积物组分比例、分选系数、偏度、峰度。水系顺序按照从南到北、由西到东排列，依次为漳卫河水系、徒骇马颊河水系、子牙河水系、黑龙港及运东水系、大清河水系、永定河水系、北三河水系和滦河水系。

各水系沉积物平均粒径均值从大到小的排列顺序为大清河水系（181.3μm）>永定河水系（165.4μm）>滦河水系（160.6μm）>漳卫河水系（127μm）>子牙河水系（97μm）>北三河水系（89μm）>黑龙港及运东水系（64.6μm）>徒骇马颊河水系（52.7μm）（图 4-41）。按照平均粒径均值水平可初步划分为三个等级：第一等级，沉积物粒径相对较大，包括大清河、永定河、滦河三个水系；第二等级，粒径大小中等，包括漳卫河、子牙河、北三河三个水系；第三等级粒径相对较小，包括黑龙港及运东、徒骇马颊河两个水系。

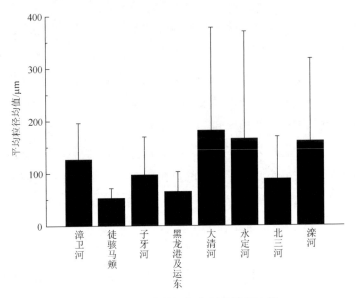

图 4-41　海河流域沉积物平均粒径均值

　　平均粒径均值描述了沉积物平均粒径的集中分布趋势。为了更准确地比较各水系沉积物粒径相对大小，将各自沉积物平均粒径值作出散点图和箱式图，如图 4-42 所示，结果与平均粒径均值相一致。第一等级的大清河、永定河、滦河三个水系存在平均粒径大于 500μm 的沉积物采样点；漳卫河、子牙河、北三河存在平均粒径大于 200μm 的沉积物采样点，属于第二等级；徒骇马颊河与黑龙港及运东沉积物平均粒径均在 200μm 以下，归为第三等级。

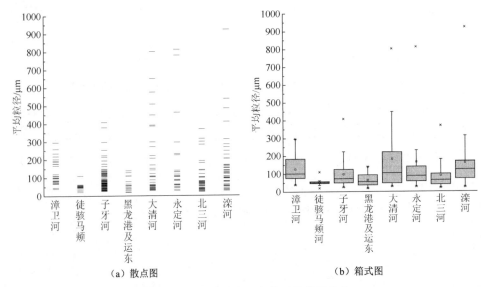

<table>
<tr><td>（a）散点图</td><td>（b）箱式图</td></tr>
</table>

图 4-42　海河流域各沉积物平均粒径分布

根据沉积物黏土、粉砂和砂组分含量数据作出三角图，并将沉积物组分三角图进行比较，结果如图 4-43 所示。按照之前等级划分顺序，从左至右依次为大清河、永定河、滦河、漳卫河、子牙河、北三河、黑龙港及运东、徒骇马颊河。结果表明，各水系黏土含量均较低，在 10% 以下，粉砂和砂是沉积物的主要组分，划分为第一等级的大清河、永定河和滦河水系中，永定河和滦河沉积物中较细沉积物采样点相对大清河更接近粉砂端，而较粗沉积物采样点差别不明显，符合平均粒径均值的排序结果。永定河和滦河水系在图 4-43 中的差异很难分辨，同时平均粒径均值差距也不足 5μm。而属于第二等级的漳卫河、子牙河和北三河水系在图 4-43 中的采样点分布较第一等级水系更偏向粉砂一端，采样点分布沿坐标向细粒一侧逐渐密集（子牙河和北三河水系这种变化趋势较明显），而接近 100% 砂含量一端的采样点有缺失。三个水系之中，子牙河和北三河沉积物更偏向坐标中粉砂一端，在砂含量小于 25% 的区间仍有大量分布，而子牙河与北三河之间的差异不明显，与平均粒径均值差仅为 8μm 相符。处于第三等级的黑龙港及运东和徒骇马颊河水系与其余水系采样点分布差距显著，采样点基本分布在小于 50% 砂含量坐标区间。其中，黑龙港及运东有若干样点比徒骇马颊河更远离粉砂一端，符合平均粒径均值排序结果。

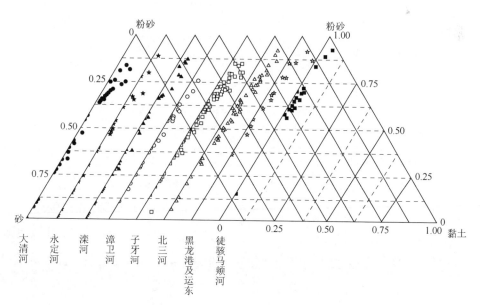

图 4-43　海河流域沉积物组分三角图

　　海河流域各水系沉积物分选系数分布情况见图4-44，各水系属于分选较差的沉积物比例最大，分选系数变化范围在好、较好、中等、较差、差5个等级之间，整体分选较差。图4-44中对比结果表明，滦河水系分选最好，大量采样点分布在分选较好与中等区间，较差区间采样点距分选差与较差的临界线2.0较远。分选较好的是永定河水系，有较多采样点分布在中等区间。然后是徒骇马颊河水系，之后是北三河水系，再之后是黑龙港及运东水系、大清河水系、子牙河水系，分选最差的是漳卫河水系。其中，滦河与永定河相对分选较好，而子牙河与漳卫河相对分选较差，其余水系差别不明显。从总体来看，海河流域北部水系沉积物分选状况要好于南部水系。

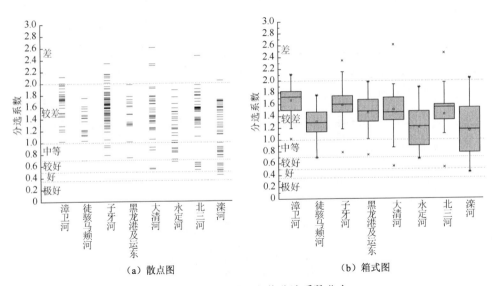

(a) 散点图　　　　　　　　　　　　　(b) 箱式图

图 4-44　海河流域沉积物分选系数分布

　　海河流域沉积物偏度分布比较结果见图4-45，大部分样点处于正偏与极正偏区间，其中滦河水系有部分采样点处在对称与负偏区间内，然后是徒骇马颊河水系，大部分采样点在正偏区间，之后是永定河、大清河与黑龙港及运东水系，三者差距不大，再之后是北三河水系，正偏程度最大的是漳卫河与子牙河水系。综上，沉积物按照正偏程度由小到大划分为三部分：第一部分是滦河与徒骇马颊河水系；第二部分是永定河、大清河、黑龙港及运东与北三河水系；第三部分为漳卫河与子牙河水系。总体来看，海河流域南部水系更加正偏。

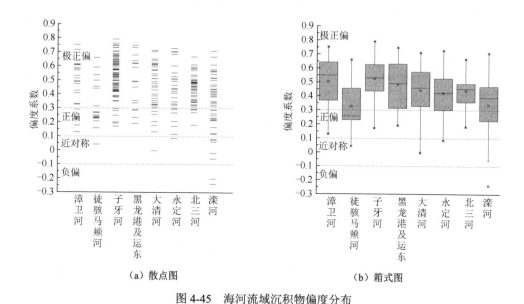

（a）散点图　　　　　　　　　　（b）箱式图

图 4-45　海河流域沉积物偏度分布

海河流域各大水系沉积物峰度分布比较结果见图 4-46，峰度分布区间较大，主要集中在平坦、正态、尖锐和很尖锐区间。其中，徒骇马颊河与黑龙港及运东水系峰度在平坦区间出现缺失，而这两个水系完全处于平原之上，其余 6 个水系峰态分布比较相似。

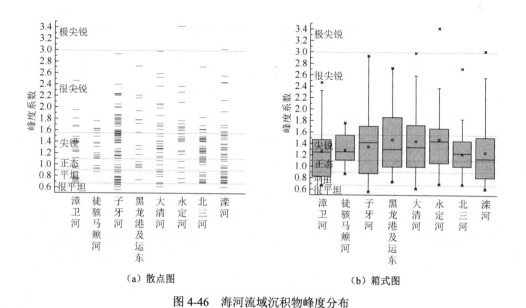

（a）散点图　　　　　　　　　　（b）箱式图

图 4-46　海河流域沉积物峰度分布

海河流域沉积物粒度曲线的峰数比例结果见图 4-47。具有单峰分布沉积物的只有滦河、大清河、漳卫河水系，其中滦河单、双峰沉积物比例明显高于其他水系，3 峰比例差异不大，4、5 峰沉积物分布比例明显小于其他水系，尤其 5 峰只占 2%左右。其他水系中北三河、永定河、大清河水系 4、5 峰沉积物比例相对较大，而永定河水系双峰沉积物比例也较高。综上，除滦河水系外，由南到北各水系沉积物 4、5 峰比例有增大趋势，而 1～3 峰相应变小。

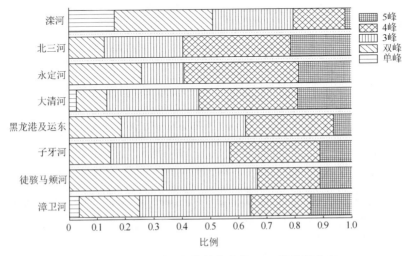

图 4-47　海河流域沉积物粒度曲线 1～5 峰比例分布

4.3.2　海河流域山区与平原水系沉积物粒度参数分布差异分析

本节选取海河流域北部的滦河水系（滦河山区与滦河平原）、北三河水系（北三河山区与北三河平原）、大清河水系（大清河山区与大清河平原）、海河流域南部的漳卫河水系（漳卫河山区与漳卫河平原）、子牙河水系（子牙河山区与子牙河平原）作为研究对象，分析山区与平原沉积物粒度分布差异。

海河流域北部三个水系山区与平原沉积物平均粒径比较结果见图 4-48。三个水系沉积物平均粒径均有减小的趋势，其中，北三河与大清河水系山区、平原平均粒径总体差异显著，山区沉积物粒径分布范围较大，而平原沉积物平均粒径相对较小且集中分布。而滦河水系山区与平原粒径总体差异不明显，山区仅个别样点沉积物粒径值远大于平原区。

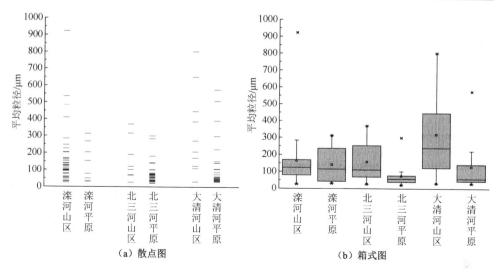

图 4-48　滦河、北三河、大清河山区与大清河平原沉积物平均粒径比较

三个水系的山区与平原采样点沉积物中 1~5 峰所占比例结果见图 4-49。其中北三河与大清河水系平原区 4、5 峰沉积物比例与山区比较有所增加，而 1~3 峰比例相应减少。滦河的变化规律正相反，由山区到平原单峰与双峰比例增大而 3~5 峰减少。

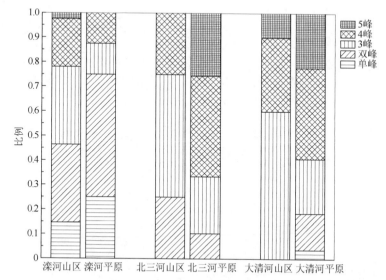

图 4-49　滦河、北三河、大清河山区与大清河平原沉积物粒度曲线峰数比例

图 4-50 分别对漳卫河水系与子牙河水系山区和平原沉积物平均粒径分布进行了比较，结果表明，由山区到平原，两个水系沉积物平均粒径值有逐渐减小的趋势（$p < 0.01$），其中漳卫河变化较显著。

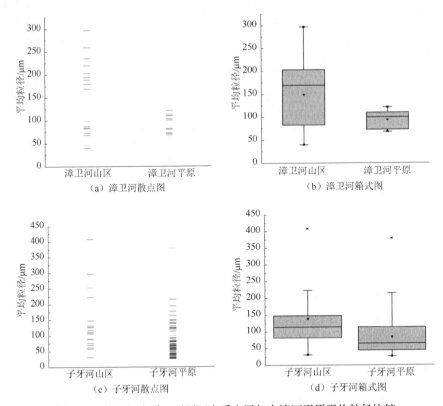

图 4-50　漳卫河水系、子牙河水系山区与大清河平原平均粒径比较

图 4-51 显示了漳卫河水系与子牙河水系 1～5 峰沉积物的比例分布，结果表明，两组水系沉积物的峰数变化规律一致，即由山区到平原，1～3 峰沉积物比例减小，相应地 4、5 峰沉积物比例增大。

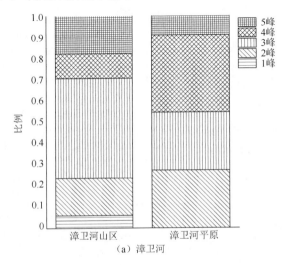

（a）漳卫河

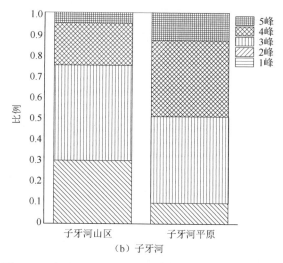

图 4-51　漳卫河与子牙河水系沉积物粒度曲线峰数比例

4.3.3　海河流域山区及平原水系沉积物粒度参数分布的南北差异分析

海河流域山区水系从南到北包括漳卫河山区、子牙河山区、大清河山区、永定河山区、北三河山区、滦河山区等 6 个水系，其中漳卫河、子牙河为南部山区水系，大清河、永定河、北三河以及滦河处于北部山区水系。流域东部为华北平原，从南向北主要有漳卫河平原、徒骇马颊河平原、子牙河平原、黑龙港及运东平原、大清河平原、北三河平原、滦河等 7 个水系，其中漳卫河、徒骇马颊河、子牙河、黑龙港及运东为南部平原水系，大清河、北三河、滦河为北部平原水系。本节对山区及平原两组水系的粒度参数分别进行比较，探究海河流域各大水系粒度参数分布的纬度差异。

海河流域山区部分的 6 个水系沉积物粒度参数分布结果见图 4-52。图 4-52（a）显示大清河、永定河、滦河三个山区水系平均粒径分布中出现明显大于另外三个水系的采样点，其中大清河平均粒径总体分布相对分散，而永定河与滦河沉积物粒径多集中在 200μm 以下，另外三个水系差别不大。海河流域北部山区水系平均粒径总体高于南部山区。图 4-52（b）分选系数比较结果表明，除北三河山区外，由南向北分选状况有逐渐变好的变化趋势，其中永定河与滦河山区出现较多分选中等及较好的样点。从图 4-52（c）偏度分布来看，海河流域南北山区水系的偏度分布较为相似，其中滦河与永定河水系采样点相对趋于对称，其他水系均处于正偏或极正偏区间。图 4-52（d）中峰度没有表现出明显的南北差异，其中子牙河山区与滦河山区峰态相对平坦，而永定河水系峰态相对更为尖锐。

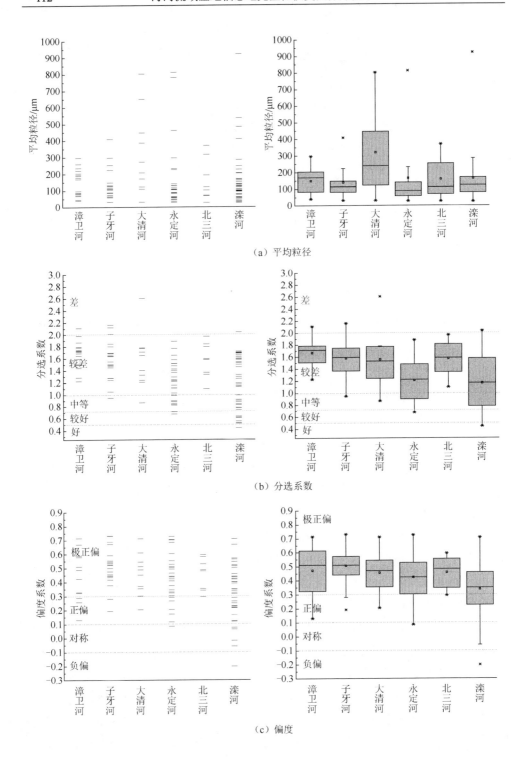

（a）平均粒径

（b）分选系数

（c）偏度

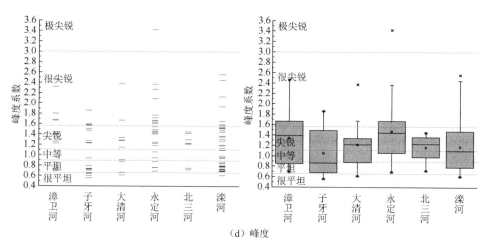

图 4-52　海河流域山区部分各水系沉积物粒度参数分布

海河流域平原地区 7 个水系的沉积物粒度参数分布结果见图 4-53。图 4-53（a）中海河流域北部的滦河、北三河、大清河平原水系出现平均粒径明显高于南部的漳卫河、徒骇马颊河、黑龙港及运东水系的采样点，而子牙河平原水系平均粒径高于同处于中部平原的漳卫河水系，子牙河平原地区上游来自山区的支流较多，同时中下游地区人工开挖了很多河道，例如滏阳新河、滏东排河、石津总干渠等。这些特殊因素可能导致这一区域河流沉积物粒径增大，而这些特殊的条件是海河流域南部其他平原地区所不具备的。大清河水系淀西平原区出现了若干平均粒径值较高的样点，超过了其他北部平原水系，原因同样在于白洋淀以上来自山区支流较多，同时支流上游分布众多水库，水库的存在对下游河道侵蚀作用较大。中部平原的漳卫河、子牙河水系平均粒径总体分布大于同纬度的徒骇马颊河与黑龙港及运东沿海平原水系。图 4-53（b）分选系数分布结果表明，除徒骇马颊河平原水系外，从南到北平原水系分选状况有逐渐变好的变化趋势，滦河平原水系分选最好，漳卫河平原水系分选最差，而靠近山区的中部平原水系分选状况要差于同纬度的沿海平原水系。图 4-53（c）展示了偏度的分布情况比较结果，除徒骇马颊河平原水系外，从南到北沉积物偏度有向对称趋近的渐变过程。图 4-53（d）峰度比较结果表明，除北三河平原水系外，从南到北沉积物峰度有增大的趋势。

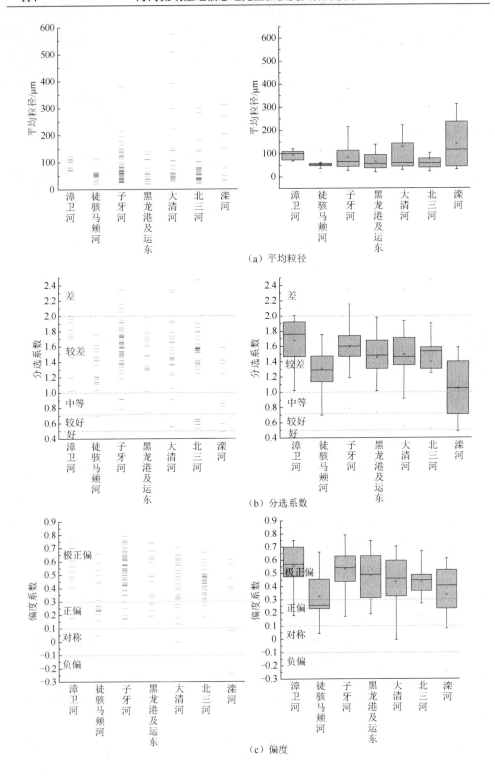

（a）平均粒径

（b）分选系数

（c）偏度

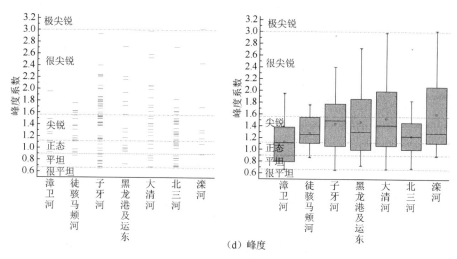

(d) 峰度

图 4-53 海河流域平原部分各水系沉积物粒度参数分布

4.4 滦河水系沉积物粒度参数空间分布的人为影响因素研究

滦河水系水量充沛、支流众多，山区比例较大，同时水系内建有大量水库闸坝等水利设施，包括上游地区的中小型水库以及下游地区的大中型水库，中部有承德市，下游建有引滦入津、引滦入唐工程，受人为因素干扰强度较大。上节分析结果发现，滦河水系沉积物粒度参数分布规律不同于其他水系，因此，本节以滦河水系为例对沉积物粒度参数分布的人为影响因素进行了分析。共选取 25 个滦河水系采样点，其中在滦河干流设置 15 个采样点，以上游闪电河水库坝下为起点，至滦河下游入海口前分散布点，在小滦河、伊逊河、武烈河、老牛河、柳河、青龙河等 6 条支流设置 10 个采样点（图 4-54）。本节主要考察滦河上游支流伊逊河上游庙宫水库、滦河干流中下游潘家口和大黑汀水库、滦河下游支流青龙河上的桃林口水库，重点研究以水库为主的人为因素对河道沉积物粒度分布的干扰作用。

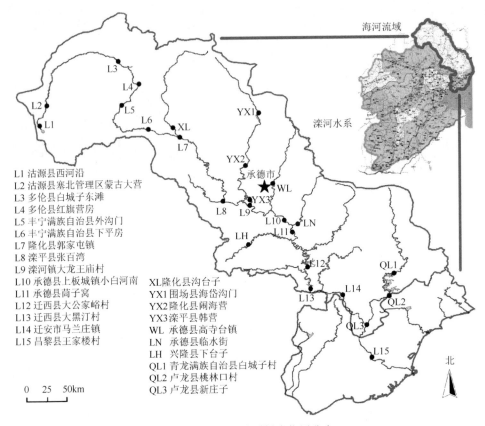

图 4-54　滦河流域采样点位置分布

4.4.1　滦河干流粒度参数空间分布

　　滦河干流 15 个采样点河床表层沉积物粒度参数及等级划分见表 4-2,滦河干流沉积物的分选性整体很差,中游沉积物分选性相对好于上游和下游。15 个采样点的沉积物粒度基本正偏,中下游比中上游更加正偏。从峰度的等级划分结果来看,中下游粒度峰态呈现出更尖锐的趋势。

表 4-2　滦河干流各采样点沉积物粒度参数及等级划分

采样点	断面名称	平均粒径 /μm	分选系数 (φ)	分选系数 等级	偏度	偏度 等级	峰度	峰度 等级
L1	沽源县西河沿	160.5	1.63	较差	0.39	极正	0.69	平坦
L2	沽源县塞北管理区蒙古大营	96.3	0.74	中等	0.22	正	1.20	尖锐
L3	多伦县白城子东滩	151.4	1.13	较差	0.25	正	0.79	平坦

续表

采样点	断面名称	平均粒径/μm	分选系数(φ)	分选系数等级	偏度	偏度等级	峰度	峰度等级
L4	多伦县红旗营房	204.8	0.44	好	-0.02	近对称	0.99	中等
L5	丰宁满族自治县外沟门	137.6	0.52	较好	-0.20	负	0.84	平坦
L6	丰宁满族自治县下平房	94.1	1.17	较差	0.44	极正	1.10	中等
L7	隆化县郭家屯镇	225.3	0.53	较好	-0.06	近对称	0.85	平坦
L8	滦平县张百湾	118.5	0.84	中等	0.52	极正	1.48	尖锐
L9	滦河镇大龙王庙村	58.8	0.83	中等	0.29	正	1.94	很尖锐
L10	承德县上板城镇小白河南	73.6	1.54	较差	0.35	极正	1.10	中等
L11	承德县苘子窝	80.6	1.59	较差	0.54	极正	1.28	尖锐
L12	迁西县大公家峪村	25.7	1.33	较差	0.52	极正	1.45	尖锐
L13	迁西县大黑汀村	409.9	0.90	中等	0.42	极正	2.13	很尖锐
L14	迁安市马兰庄镇	32.0	1.58	较差	0.57	极正	1.32	尖锐
L15	昌黎县王家楼村	268.1	0.82	中等	0.38	极正	1.70	很尖锐

以 L1 为 0km 点沿滦河干流向下计算各个采样点与 L1 的河流距离，以此为横坐标、各采样点沉积物平均粒径为纵坐标作图，见图 4-55。将采样点位置划分为上游、中游、下游三部分，如图 4-55 中虚线所示，中、上游沉积物平均粒径值波动变化相对较小，整体呈细化趋势，而下游有较大波动，其中 L13 和 L15 两点平均粒径明显变大。20 世纪 70 年代有学者提出了河床沉积物沿程细化的理论（牛红义等，2007），然而河流由于受众多自然与人为因素影响，这种细化规律可能会被阻断。滦河流域地貌变化与河流走向一致，由高原经山地过渡到平原，而流域地貌变化是河床沉积物特征变化的一个自然影响因素（Costigan et al.，2014）。由此，本节研究采样点位沿河纵向地形变化趋势，主要分析海拔高度与河流走向的关系，如图 4-56 所示。通过线性回归（Pearson 相关系数为-0.97，$R^2=0.94$）发现沿河向下采样点海拔呈线性下降趋势，而平均粒径空间分布显示出不规则的波动（图 4-55），这说明地形环境不是滦河沉积物粒径不规则变化的关键影响因素。

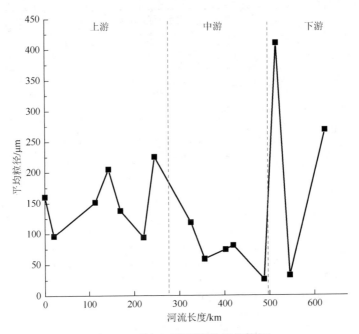

图 4-55　滦河干流沉积物平均粒径

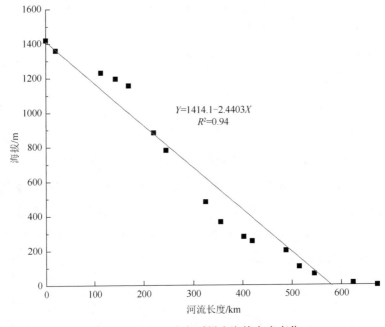

图 4-56　沿河纵向各采样点海拔高度变化

　　下面单独研究滦河中、上游沉积物粒径变化数据，以便探讨其变化规律并分析成因，见图 4-57。用 SPSS 软件进行回归分析，得到二项式曲线，曲线方程 $Y=132.3+0.35X-0.001\,21X^2$（$R^2=0.557$，$F=5.651$，$p=0.026$）。结果表明，上游河段（L1~L7）沉积物平均粒径有增大趋势，而中游河段（L8~L12）逐渐变小。滦河上游闸坝众多，闪电河上有双山水库、干泡子水库、牦牛泡子水库、灰窑子水库等中小型水库，由于水库闸坝上、下游落差较大，下游河流水动力较强，冲刷能力增大，下游河道遭到侵蚀，同时水库坝上大量泥沙淤积，下游河水含沙量变小，更容易带走沉积物中颗粒较小的部分，造成河道沉积物粗化（罗向欣，2013）。可以初步判断水库是造成沉积物粒径波动的重要因素，而中游河段水利设施相对较少，河道受人为干扰较弱，随着海拔高度降低，河床沉积物呈现较明显的细化规律。

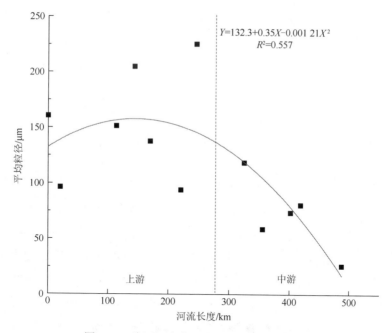

图 4-57　滦河干流中、上游沉积物平均粒径

　　平均粒径用来表示河流沉积物颗粒大小的集中趋势，是反映沉积物粒度特征的重要参数，为了较全面地反映沉积物颗粒的组成变化，将其划分为三个组分，分别是黏土、粉砂和砂，粒径分界点为 0.004mm 和 0.063mm，见图 4-58。从 L1 到 L9 黏土的含量几乎为 0，下游地区有缓慢增长的趋势，但是整体含量较小，最高点出现在 L14，仅为 5.49%，而粉砂和砂的含量占总体的比例近 95%。其中砂的含量变化与平均粒径的变化趋势较为一致，上游地区砂的含量占优势，中游

地区砂与粉砂含量相当，下游出现波动。其中上游地区的 L4、L5、L7 三个采样点沉积物砂的含量几乎达到 100%，这也说明了上游水库对沉积物组分的显著影响。

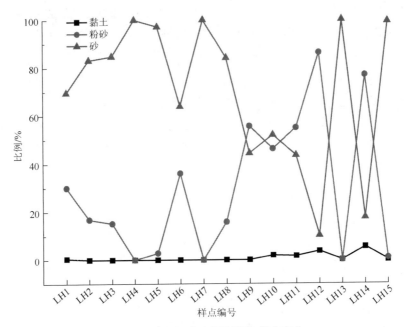

图 4-58　滦河河床表层沉积物组分变化

4.4.2　滦河支流粒度参数空间分布

滦河支流众多，其中一级支流 33 条，二、三级支流 48 条，本节选取其中 6 条较大一级支流作为研究对象，这 6 条支流从上游到下游依次是小滦河、伊逊河、武烈河、老牛河、柳河和青龙河，具体粒度参数见表 4-3。6 条支流按照从滦河上游到下游的顺序，沉积物平均粒径呈先减后增的趋势。其中，下游的柳河和青龙河显著增大，整体分选性较差，下游两条河流分选稍好，整体呈极正偏，峰态尖锐，而滦河下游两条支流峰度较为平坦。各支流沉积物组分比例见图 4-59，砂组分变化与平均粒径一致，最低点出现在武烈河，为 12.11%，最高点在青龙河，为 98.1%。粉砂和黏土变化趋势与之相反，粉砂含量在武烈河达到最高点，为 84.3%，最低点在青龙河，含量只有 1.9%，而黏土只在中游的伊逊河、武烈河和老牛河出现，含量依次升高，最大值为 4.51%。滦河支流沉积物粒度这种先减后增的变化趋势与滦河干流沉积物的变化相似，从滦河流域支流上水库分布来看，这种变化很可能与闸坝的干扰作用有关。

表 4-3　滦河主要支流沉积物粒度参数及等级划分

支流	编号	平均粒径/μm	分选系数(φ)	分选系数等级	偏度	等级偏度	峰度	峰度等级
小滦河	XL	60.7	0.99	中等	0.26	正偏	1.59	很尖锐
伊逊河	YX3	53.9	1.30	较差	0.40	极正偏	1.54	尖锐
武烈河	WL	30.7	1.26	较差	0.40	极正偏	1.18	尖锐
老牛河	LN	42.1	1.65	较差	0.57	极正偏	1.66	很尖锐
柳河	LH	138.3	1.71	较差	0.46	极正偏	0.73	平坦
青龙河	QL3	922.8	0.61	较好	0.22	正偏	0.77	平坦

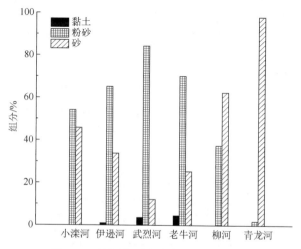

图 4-59　滦河主要支流表层沉积物组分

4.4.3　滦河水系大中型水库对沉积物粒度影响研究

　　为证明滦河上游闪电河区段水库对沉积物粒径的粗化作用，同时探究滦河下游出现粒径波动的原因，本节选取四个大型水库作为研究对象，分别是滦河中游支流伊逊河上的庙宫水库、滦河干流的潘家口水库和大黑汀水库、滦河下游支流青龙河上的桃林口水库，其中潘家口水库与大黑汀水库地理位置相对较近而且在实际情况中联合调用（徐向广，2004），将其作为一个整体来考虑。变化结果见图 4-60，庙宫水库、潘家口大黑汀水库及桃林口水库上、下游沉积物平均粒径均有增长的趋势。其中，潘家口大黑汀水库变化尤为显著，黏土与粉砂的含量从 3.6%、86.2%均降到 0，而砂的含量骤增至 100%；桃林口上、下游沉积物中粉砂的含量由 52.6%降到 9.5%，砂从 47.4%升至 90.5%；庙宫水库上、下游沉积物中黏土从 0 增至 1.9%，粉砂与砂的变化不大。四个大型水库相关参数见表 4-4（任宪韶等，2008），可以看出中、下游三个水库规模均远大于上游的庙宫水库，与沉积物组分变化程度一致，可以证明，水库的存在是造成滦河流域河流沉积物粗化的关键因素。这种作用在建有大型水库的滦河流域中、下游地区尤为明显，水库的干扰作用也是导致滦河下游地区沉积物平均粒径大幅波动变化的主要原因。

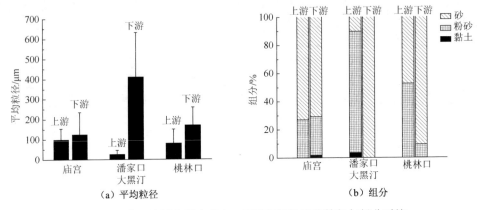

（a）平均粒径　　　　　　　　　（b）组分

图 4-60　滦河流域大型水库上、下游沉积物平均粒径与组分对比

表 4-4　滦河大型水库参数

水库参数	庙宫	潘家口	大黑汀	桃林口
集水面积/km²	2 370	33 700	1 400	5 060
最大库容/亿 m³	1.83	29.3	3.37	8.59
最大坝高/m	44.2	107.5	52.8	74.5
装机容量/kW	1 500	150 000	21 600	20 000

4.5　小　　结

　　本章对海河流域沉积物粒度参数空间分布进行研究，得到了平均粒径、分选系数、偏度、峰度、沉积物组分、频率等参数的总体分布规律。结果表明，沉积物粒度总体分布由大到小的顺序是，大清河（181.3μm）>永定河（165.4μm）>滦河（160.6μm）>漳卫河（127μm）>子牙河（97μm）>北三河（89μm）>黑龙港及运东（64.6μm）>徒骇马颊河（52.7μm）。其中，大清河到滦河 3 个水系为粒度最大的一组，漳卫河到北三河为粒度中等的一组，黑龙港及运东和徒骇马颊河水系是粒度最小的一组，组内差异不明显而组间差异显著。平原水系徒骇马颊河与黑龙港及运东沉积物主要为粉砂和砂质粉砂，其余水系沉积物由砂、粉砂质砂、砂质粉砂和粉砂构成。从分选结果来看，整体分选较差，滦河与永定河相对分选最

好，而子牙河与漳卫河相对分选最差，其余水系差别不明显，总体上，海河流域北部水系沉积物分选状况要好于南部水系。偏态总体呈正偏和极正偏，沉积物按照正偏程度由小到大划分为三部分，第一部分是滦河与徒骇马颊河水系，第二部分是永定河、大清河、黑龙港及运东与北三河水系，第三部分为漳卫河与子牙河水系，总体来看，海河流域南部水系更加正偏。峰度在各个区间分散分布，完全处于平原的徒骇马颊河与黑龙港及运东水系峰度在平坦区间出现缺失，其余 6 个水系峰态分布比较相似。除滦河外，由南到北各水系沉积物 4、5 峰比例有增大趋势，而 1～3 峰相应变小。

山区与平原沉积物粒度分布比较结果表明，除滦河外，由山区到平原，沉积物总体平均粒径显著减小，平原区平均粒径较小且分布集中，1～3 峰沉积物比例减小，而 4、5 峰比例相应增大。

本章以滦河为案例重点分析了水库对沉积物粒径分布的干扰作用。滦河干流沉积物平均粒径变化趋势是上游波动增大，中游逐渐减小，到下游出现较大波动，通过分析平均粒径与采样点海拔的相关关系，表明滦河干流沉积物粒径特殊变化规律不是由地貌变化引起的，根据滦河水系上水库与采样点的相对位置分布，初步判断是水库长期作用造成沉积物粒径增大。滦河支流沉积物平均粒径变化与干流类似，干流上游与下游支流沉积物粒径较大，中游支流粒径最小，与水库的位置分布相对应。通过对庙宫水库、潘家口和大黑汀水库、桃林口水库上、下游沉积物粒径变化的分析，并结合水库相关参数，发现沉积物粒径变化程度与水库规模一致，证明众多水库的长期作用形成了滦河水系沉积物粒径的特殊分布规律。

第 5 章　案例分析 2：城市段河流湿地化学完整性的影响因子识别及风险分析

　　海河流域平原河流城市段水污染问题日益严重，河流沉积物是污染物的储存库之一，明确沉积物污染物分布特征及潜在风险是河流生态完整性的重要表征。本章以影响城市河流化学完整性的典型污染物重金属为研究对象，用电感耦合等离子体原子发射光谱法测定沉积物样品，研究其形态分布、来源、潜在风险及闸坝对其分布的影响。

5.1　研究区与研究方法

5.1.1　研究区概况

　　北京市作为中国首都，同时又是海河流域经济的引擎，城市化高速发展，每天产生大量的生活垃圾（余向勇等，2013）。北京市凉水河作为城市重要的非常规水源补给，上游起于石景山区人民渠入口，流经海淀、宣武、丰台、朝阳等区，最终由通州榆林庄闸汇入北运河，全长约 53km，总流域面积约 815.39km^2（Chaudhuri et al., 2003）。

5.1.2　研究方法

5.1.2.1　样品的采集与处理

　　2014 年 3 月，课题组在凉水河水流较为平缓、水量丰富的地段，沿河流走向选取沉积较好的位置，布设了 20 个采样点，如图 5-1 所示。另外在大红门闸、马驹桥闸（采样点 LS10）、张采路橡胶坝（采样点 LS16）、吴营村橡胶坝（采样点 LS18）上下分别采样。每个采样点所采集的样品不少于 2kg。样品采集后，滤去水分，使用聚乙烯密封袋现场密封，按顺序编号，带回实验室后，冷冻保存。

　　将冷冻后沉积物样品用纸包好，置于实验室内阴凉且通风处，自然阴干。剔除砾石、木屑及动植物残体等杂物，用研钵磨碎，搅匀后分为两部分。将一部分粗过 10 目筛，称取 1000g，装袋并做好标记。另一部分进行沉积物粒经组成分析，通过筛分称重法，利用尼龙筛，将沉积物通过 18 目筛、80 目筛、150 目筛、200 目筛，筛分为 1～0.2mm、0.2～0.1mm、0.1～0.065mm、<0.065mm 等 4 个粒径。

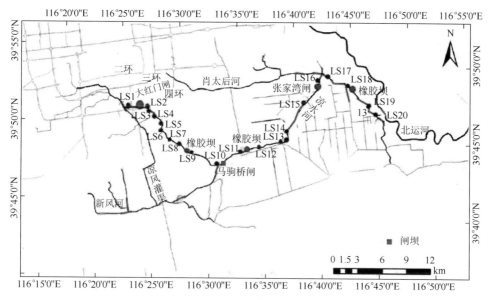

图 5-1　凉水河研究河段地理位置及采样点分布图

5.1.2.2　沉积物粒径的测定

沉积物粒度参数测定采用激光粒度仪湿式测量法。每个采样点 3 份平行样品均匀混合后测得的数据值作为最终结果，测定的主要粒度参数包括平均粒径（M_z）、分选系数（σ_1）、偏度、峰度、中位径（D_{50}）（Kemp 2010; Costigan et al., 2014）、粒度体积频率分布及相应数据。

5.1.2.3　重金属形态分析及测定方法

根据附近是否有闸坝及支流汇入，选取 5 个有代表性的采样点：丰台区光彩路 LS1，大兴区旧宫桥 LS6，大兴区文昌大道 LS9，通州区七支路 LS13 和通州区小甑路 LS19。对这 5 个采样点的样品重金属 Cr、Cd、Cu、As[①]、Zn 进行形态分析，分析方法为优化重金属形态连续提取法（冯素萍等，2006; Bacon et al., 2005），将重金属形态分为弱酸提取态（Ⅰ）、可还原态（Ⅱ）、可氧化态（Ⅲ）和残渣态（Ⅳ）。实验所用酸均为优级纯，其他试剂为分析纯，实验用水为超纯水。随后用

---

① 砷（As）为非金属，鉴于其化合物具有金属性，本书将其归入重金属一并统计。

电感耦合等离子体-原子发射光谱分级测定样品中的 Cr、Cd、Cu、As、Zn 的形态含量。

5.1.2.4　重金属生态风险指数的计算

本书采用 Hakanson（1980）提出的潜在生态风险指数法对沉积物重金属的潜在生态风险进行评价。该方法考虑到了污染物的毒性和迁移规律，消除了区域差异以及异源污染的影响，是目前得到广泛使用的重金属生态风险评价方法。其通过综合重金属元素的土壤背景值、生物毒性系数以及污染系数，来计算污染物生态风险指数 RI：

$$RI = \sum E_r^i = T_r^i \times \frac{C_s^i}{C_n^i} \tag{5-1}$$

式中，RI 为某一采样点中多种重金属的潜在生态风险指数；E_r^i 为该采样点中单一重金属潜在生态风险指数；T_r^i 为第 i 种重金属的毒性系数，反映了污染物的毒性水平，通过查阅文献（张璐璐等，2013），选用 Cr、Cd、Cu、As、Zn 的毒性系数分别为 2、30、5、10 和 1（单位为 mg/kg）；C_s^i 为该金属的测量值；C_n^i 为该种金属的土壤背景值，本章选取北京市土壤重金属背景值，Cr、Cd、Cu、As、Zn 背景值分别为 68.100、0.074、23.600、8.700、102.600（单位为 mg/kg），毒性系数分别为 2、30、5、10、1。RI 与 E_r^i 划分标准见表 5-1。

表 5-1　潜在生态风险的划分标准

E_r^i（单种金属）	风险程度	RI（多种金属）	风险程度
<40	低生态风险	<150	低生态风险
40~80	中生态风险	150~300	中生态风险
80~160	较高生态风险	300~600	较高生态风险
160~320	高生态风险	≥600	高生态风险
≥320	极高生态风险	—	—

5.1.2.5　污染来源分析

通过计算富集系数（enrichment factor，EF），来分析重金属的来源（Murray et al., 1999；Guo et al., 2010）：

$$EF = \frac{[C_n(s) / C_{Al}(s)]}{[C_n(b) / C_{Al}(b)]} \tag{5-2}$$

式中，$C_n(s)$ 和 $C_{Al}(s)$ 是样品中重金属及 Al 元素的含量；$C_n(b)$ 和 $C_{Al}(b)$ 是重金属元素和 Al 元素的背景值。当 EF 在 0.5~1.5 时，表明重金属来源多为自然来源，主要是岩石和土壤的风化作用；当 EF>1.5 时，污染物主要源自人为输入。

5.1.2.6 统计分析

为了建立重金属生态风险与沉积物粒径相关关系，运用 Pearson 相关性分析方法，显著水平分别设为 $p < 0.05$，$p < 0.01$，统计分析运用 SPSS 软件。

5.2 凉水河沉积物粒径分布规律及影响因素

5.2.1 凉水河沉积物粒径分布规律

以 LS1 为 0km 点沿凉水河干流向下计算各个采样点与 LS1 的河流距离，以此为横坐标、各样点沉积物平均粒径为纵坐标作图（图 5-2）。将采样点位置划分为上游、中游、下游三部分（图 5-2 中虚线所示），LS1～LS9 位于支流汇入处以上，属于上游；LS10～LS14 位于新河闸以上，属于中游；LS15～LS20 属于下游。如图 5-2 中趋势线所示，上游沉积物平均粒径值较大，粒径最高值在 LS9，为 689.80μm，总体沉积物粒径呈现细化趋势，这与 Stenberg（2010）的自然河流的"细化理论"大体相符。另外 Murray 等（1999）在研究密歇根红河时也同样发现河流存在细化现象。而河流上游多位于市区，受人为因素的影响，细化趋势被阻断，导致粒径波动较大。而后在中游（多为城市和农村结合部）平均粒径逐渐减小，最后在下游（多为农村）粒径变化逐渐趋于稳定。凉水河上游、中游、下游平均粒径为 351.44μm、149.74μm 和 57.17μm。

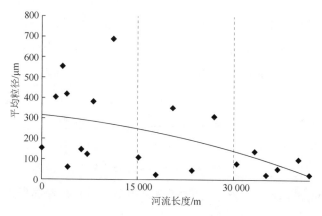

图 5-2　凉水河干流沉积物平均粒径

沉积物的粒度频率曲线可以直观地表征沉积物颗粒组分的粒度分布特征。频率曲线形态的不同反映了流体搬运强度和搬运方式的不同，水动力越强，沉积物颗粒中细粒组分残留越少。频率曲线峰态的变化则在一定程度上反映了沉积物的物源信息，一般单一峰态代表单一物源，多峰态代表多种物源，而有时单一物源的沉积物也具有多峰态特征。凉水河部分采样点的沉积物粒度频率曲线分布见图 5-3，其中，上游地区沉积物多呈现较规则的单峰或双峰形态，而中、下游地区呈现不规则的多峰形态，这可能是由于中、下游闸坝增加，阻断了沉积物分布的连续性，形成了较为复杂的峰态。

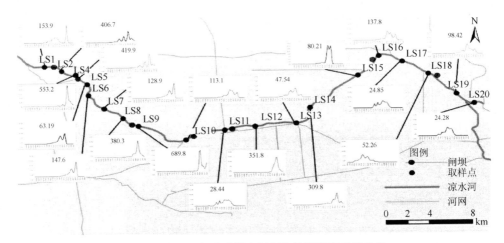

图 5-3　凉水河部分采样点沉积物粒度频率曲线分布

5.2.2　闸坝对于粒径的影响

在大红门闸（采样点 LS2）、马驹桥闸（采样点 LS10）、张采路橡胶坝（采样点 LS16）、吴营村橡胶坝（采样点 LS17）上、下分别采样，平均粒径等参数如表 5-2。由表 5-2 可知，经过闸坝，沉积物粒径明显减小。凉水河地势起伏小，水位落差较小，经过闸坝的调控，水动能损失，水动力条件减弱，冲刷能力减小，导致沉积物中颗粒较大的部分在闸上（坝上）淤积，闸下（坝下）颗粒较小的沉积物增多。但在采样点 LS18 的吴营村橡胶坝，坝上、坝下落差大使得水动能增加量多于经过闸坝的损失量，水动力条件增强，水冲刷能力增大使得坝下细颗粒物被水流带走，粒径减小。经过闸坝，粒径分布偏度降低，说明峰偏向粗粒径的趋势变弱。而峰度的增高说明沉积物中细组分增多，而且闸坝的干扰作用也是凉水河沉积物平均粒径大幅波动的主要原因之一。

表 5-2　凉水河闸坝上下粒径分布

点位	平均粒径/μm		偏度		峰度	
	闸上（坝下）	闸下（坝下）	闸上（坝下）	闸下（坝下）	闸上（坝下）	闸下（坝下）
大红门闸	746.70	475.20	0.54	0.36	1.09	1.36
马驹桥闸	113.10	59.05	0.52	0.45	1.29	1.57
张采路橡胶坝	137.80	53.77	0.62	0.35	1.36	1.38
吴营村橡胶坝	88.63	53.89	0.55	0.33	1.75	1.56

另外，为表明闸坝上下沉积物组分的变化，根据国际沉积物粒度划分标准，将每份沉积物样品划分成三个组分，分别是黏土（0～0.004mm）、粉砂（0.004～0.065mm）和砂（0.065～2mm），并计算出每个组分的含量比例以便对比分析，比例变化见图 5-4。其中马驹桥闸和张采路橡胶坝的变化尤为显著，砂的含量从 62.63%、64.98%降到了 39.07%、39.92%，闸上（坝上）含量极低的黏土由 0.087%、0.03%增至 2.08%、3.05%。在大红门闸因为流量较小，对粒径分布影响弱，但是粉砂的含量也由 7.18%增至 13.15%，砂含量由 92.82%降至 86.85%。因此，闸坝的调控作用是造成凉水河河流沉积物细化的重要因素，这种作用在凉水河的中下游地区更加显著。

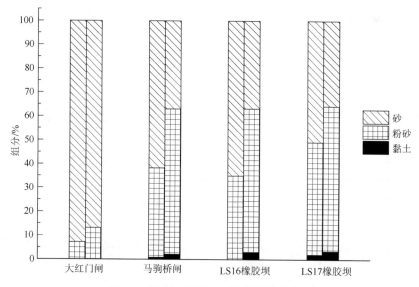

图 5-4　凉水河闸坝上下粒径组分比例图

5.3　凉水河重金属分布规律及潜在生态风险分析

5.3.1　凉水河重金属形态含量的分布

　　图 5-5（a）～图 5-5（d）分别为弱酸提取态（Ⅰ）、可还原态（Ⅱ）、可氧化态（Ⅲ）和残渣态（Ⅳ）重金属的含量分布。在每个样品中，对于每种重金属元素，含量最多的是残渣态，Cr 为 73.97～93.87mg/kg，Cd 为 551.37～751.17μg/kg，Cu 为 104.63～175.63mg/kg，As 是 64.82～149.21mg/kg，Zn 为 21.90～57.99mg/kg，表明稳定态为各重金属的主导形态。而且在所有沉积物样品中，所测重金属形态含量顺序大致为残渣态>>可氧化态>弱酸提取态>可还原态，而 As 和 Zn 的形态分布在不同样点中含量有所不同，在 LS1 中，As 和 Zn 是弱酸提取态组分多于可还原态。在 LS6 中，Zn 的可还原态多于弱酸提取态，在 LS9 中，As 的可还原态多于弱酸提取态。

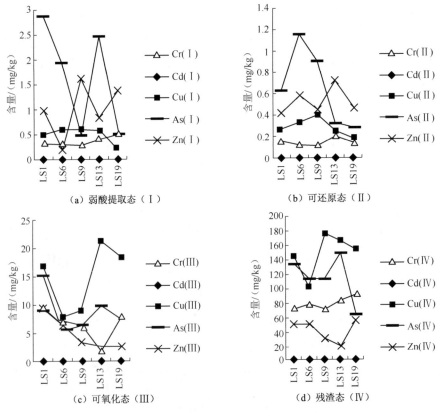

图 5-5　凉水河沉积物中各形态重金属的含量分布

另外，在液固表层环境中，残渣态的重金属很难参与水体系统的再平衡分配，生物有效性差，而非稳态重金属是外源重金属主要的转化形态。五个样品的重金属非稳态含量分布特征见图 5-5（a）～图 5-5（c）。其中含量最多的为可氧化态，含量超过 60%，其次为弱酸提取态。可氧化态中主要为有机质结合态，说明重金属与有机质和氧化物有较强的结合能力。因此可氧化态生态风险高于其他非稳定态。沿着河流流向，由 LS1 至 LS19，Cr 和 As 弱酸提取态采样点 LS13 有所上升，此处有两条支流汇入，所汇污水中含有形态较不稳定的 Cr 和 As。Zn 在经过 LS9 的橡胶坝时，弱酸提取态含量上升，说明闸坝的调控改变了水动力条件，对于重金属形态有影响。而且，Cu 非稳定形态含量基本不变，这与 Cu 性质稳定有关。

5.3.2　城市和农村河段沉积物中重金属含量对比

以北京市六环路为界，六环以里为城市河段，以外为城郊段，采样点 LS1 至 LS12 为城市河段，采样点 LS12 至 LS20 为农村河段，对比其沉积物中重金属含量，如图 5-6 所示。其中，Cd、As、Zn 和 Pb 的含量，城市河段高于城郊河段。而 Cr、Cu 的含量城郊河段多于城市河段。因条件所限，未进行污染源的监测。

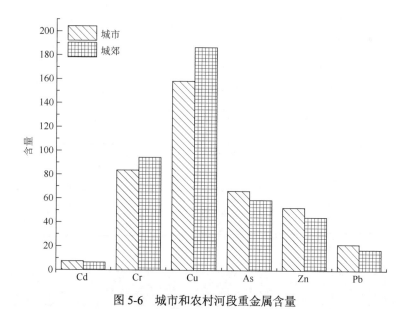

图 5-6　城市和农村河段重金属含量

5.3.3　不同粒径中重金属形态的分布规律

通过 SPSS 分析软件建立重金属形态与沉积物粒径之间的相关性，Pearson 相关系数如表 5-3 所示。在粒径 1~0.2mm 范围内，Cu（IV）、Zn（III）与粒径呈显著正相关 $p<0.05$，r 分别为 0.906、0.889，As（I）此时呈显著负相关，$p<0.01$，$r=-0.962$；在 0.2~0.1mm 范围内，Zn（III）与粒径呈显著负相关，$p<0.05$，Cu（I）、Zn（I）、Zn（II）呈显著正相关；当粒径为 0.1~0.065mm 时，Cr（II）、Cu（II）与粒径呈显著正相关，而 Cr（I）、Cr（IV）、Cd（I）、Zn（II）与粒径呈显著负相关，在 0.05 水平上 r 分别为-0.891、-0.910、-0.898、-0.901，表明粒径减少，比表面积增大，与重金属结合能力增强；对于粒径小于 0.065mm 的颗粒物，Cd（III）与 As（II）呈显著正相关，这可能因为此时结合位点也随之减少，而 Cr（II）呈显著负相关，$p<0.01$，$r=0.894$。

表 5-3　凉水河沉积物重金属形态分布与沉积物粒径的 Pearson 相关系数

粒径	D1（1~0.2mm）	D2（0.2~0.1mm）	D3（0.1~0.065mm）	D4（<0.065mm）
Cr（I）	0.364	-0.182	-0.891*	-0.284
Cr（II）	-0.415	-0.466	0.933*	-0.894*
Cr（III）	0.415	-0.219	-0.255	-0.137
Cr（IV）	0.640	0.215	-0.910*	0.548
Cd（I）	0.556	-0.28	-0.898*	-0.2
Cd（II）	0.182	-0.790	-0.121	0.811
Cd（III）	-0.013	0.142	-0.304	0.965**
Cd（IV）	-0.100	-0.452	0.068	-0.106
Cu（I）	-0.212	0.953*	-0.259	0.017
Cu（II）	0.196	-0.101	0.895*	-0.565
Cu（III）	-0.352	0.318	-0.497	-0.244
Cu（IV）	0.906*	-0.242	-0.116	0.119
As（I）	-0.962**	-0.287	-0.489	-0.362
As（II）	0.476	-0.153	0.430	0.894*
As（III）	-0.486	-0.45	-0.131	-0.036
As（IV）	-0.047	-0.169	0.371	-0.27
Zn（I）	0.428	0.924*	-0.081	0.389
Zn（II）	0.488	0.938*	-0.901*	-0.05
Zn（III）	0.889*	-0.958*	-0.003	-0.283
Zn（IV）	-0.179	-0.265	0.163	-0.092

* 相关显著性在 0.05 水平；** 相关显著性在 0.01 水平

5.3.4 重金属来源识别及潜在生态风险分析

由各点重金属元素的富集系数分析发现（图 5-7），对于 Cd，EF 最高，上游、中游、下游分别为 1.65、1.60 和 0.75。在上游和中游地区 EF 较大，人为因素为该污染物的主要来源，在下游则以自然因素为主。而 Cu 与 As 的 EF 在 0.5～1.5，表明其污染来源主要受到自然因素的控制。Pb、Cr、Zn 的 EF 均低于 0.5，Zn 的 EF 最低，上游、中游、下游分别为 0.05、0.17、0.04。总体来看，重金属元素在不同河段均受到一定程度人为来源影响，尤其上游和中游，多种重金属元素的富集系数均较大，推测该地区存在重金属混合污染源的排放。

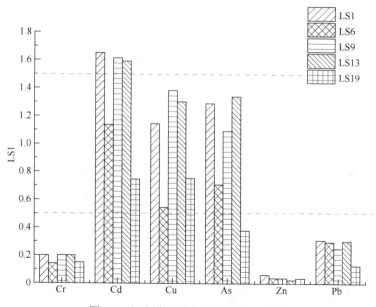

图 5-7　沉积物中重金属元素的 EF 指数

对凉水河沉积物中主要重金属的含量进行相关性分析，结果见表 5-4。大多数元素之间呈现负相关，其中，Cr 与 As 呈现显著负相关（$r = -0.946$，$p < 0.05$）颗粒物可以吸附重金属，而活性点位数量有限，因而重金属元素之间存在竞争吸附。但部分重金属元素存在正相关，Cd 与 As 之间正相关显著（$r = 0.897$，$p < 0.05$）。这说明上述元素来源可能相同，且发生类似的迁移转化过程。

表5-4 凉水河沉积物中各重金属元素的含量相关性

重金属元素	Cr	Cd	Cu	As	Zn	Pb
Cr	1					
Cd	−0.815	1				
Cu	−0.018	−0.342	1			
As	−0.946*	0.897*	0.099	1		
Zn	0.468	−0.276	−0.578	−0.495	1	
Pb	−0.34	0.74	−0.83	0.42	0.13	1

* 相关显著性在 0.05 水平

所测位点中，凉水河沉积物中重金属潜在生态风险指数见表5-5。可知，在所测点位中，不同重金属元素的单一潜在风险具有较大差异，大小顺序是 Cd>As>Cu>Cr>Zn。Cd 的潜在风险最大，均处于高风险程度，其中在 LS6，E_r^i 达到了 309.10，接近极高风险程度，在下游 LS19 处，E_r^i 最低为 225.46，为高生态风险。As 和 Cu 的 E_r^i 略低，多为中生态风险。但在 LS13，As 生态评价为高度风险，说明该点 As 污染物应引起关注。生态风险度较低的是 Pb、Cr 和 Zn，均处于低风险状态。其中，Zn 的 E_r^i 最低，最小为 0.25，最大为 0.61。

表5-5 凉水河沉积物中重金属的潜在生态风险指数

采样点	E_r^i						RI
	Cr	Cd	Cu	As	Zn	Pb	
LS1	2.47	306.79	35.42	87.94	0.61	4.09	437.33
LS6	2.56	309.10	24.70	70.60	0.57	5.76	413.29
LS9	2.35	282.94	40.38	70.17	0.36	3.11	399.31
LS13	2.54	301.67	41.21	93.16	0.25	4.08	442.90
LS19	3.01	225.46	37.87	42.02	0.61	2.78	311.75

综合生态风险指数 RI 结果表明，在所测位点中，凉水河沉积物处于较高生态风险，均值为 400.924，其中在 LS13 潜在生态风险最高，为 442.90。上游、中游、下游均为较高生态风险程度，RI 均值分别为 425.31、421.11 和 311.75，主要因为凉水河上游、中游多为城市段，受人为影响大，下游为城郊过渡段，此时多为河流自净区。另外，通过对比单一重金属潜在风险指数，可知 Cd 对综合生态风险 RI 的贡献大，贡献率最低为 67.42%，最高为 73.57%。

5.4　小　　结

　　北京市凉水河沉积物中砂和粉砂含量超过 95%，是主要成分，上游、中游、下游平均粒径分别为 351.44μm、149.74μm 和 57.17μm，颗粒沿河流流向总体呈现出细化的趋势。经过闸坝沉积物平均粒径降低 47%，闸坝对凉水河沉积物有细化作用。

　　重金属形态含量分布特征为残渣态＞＞可氧化态＞弱酸提取态＞可还原态。非稳定形态中含量最多的为可氧化态，相对风险为中或低生态风险程度，高于其他非稳定态。在城市河段，Cd、As、Zn 和 Pb 的含量高于城郊河段。在城郊河段，Cr、Cu 的含量高于城市河段。各重金属元素的潜在风险大小顺序是 Cd＞As＞Cu＞Cr＞Zn。Cd 的风险指数 E_r^i 最大达到 309.103，最小为 225.46，处于高风险程度，Zn 风险最小，范围为 0.25～0.61，处于低生态风险水平。凉水河上游、中游、下游综合生态风险指数 RI 分别为 425.31、421.11 和 311.75，均处于较高生态风险。

　　在凉水河上游及中游，Cd 的 EF 指数分别达到 1.65 和 1.59，高于 1.5，存在人为输入。Cd 与 As 之间正相关显著（$r=0.897$，$p<0.05$），说明存在重金属混合污染源。

　　粒径＞0.2mm 时，各重金属元素与粒径相关性弱；而在＜0.2mm 时，两者间相关性增强，且多为负相关，主要由于粒径越大比表面积越小，结合能力弱。但粒径＜0.065mm 时，Cd（III）与 As（II）显著正相关（$p<0.05$）。

　　建议对河流生态系统的监测应加强河流底质的粒径及不同介质中重金属和有机污染的系统监测，城市河段和农村河段的生态监测与生态系统管理也亟待加强。

第6章　案例分析3：生物完整性评价在湖泊重金属生态风险评价中的应用

本章以建立湖泊底栖动物群落特征与重金属生态风险的相关关系为目标，将底栖生物完整性评价应用到白洋淀湿地重金属生态风险评估中，通过分析底栖动物群落相似性指数、Hilsenhoff生物指数、群落损失指数等结构特征，对不同时空、不同种类重金属的生态风险与底栖动物的结构指标的相关性进行比较，筛选出适宜草型湖泊重金属生态风险监测的底栖动物群落结构指标，以期为白洋淀湿地生态系统栖息地完整性的恢复提供理论依据和技术支持。

6.1　研究区概况

6.1.1　研究区物理概况

白洋淀地处华北平原中部，东经 $113°39'\sim116°11'$，北纬 $39°4'\sim40°4'$，属海河流域的海河北系，总面积 $366km^2$。白洋淀多年平均降水量为 $510.1mm$，是华北地区最大的浅水草型湖泊。白洋淀原有9条入淀河流，现除府河外，其余8条河流季节性断流，依靠流域内调水和黄河补水。近年来由于自然因素和人为干扰的影响，复合污染状况严重，淀内湖水富营养化非常严重，水质从Ⅲ类下降到Ⅳ类或Ⅴ类。生态环境恶化，频繁出现干淀、水质污染、鱼类等生物多样性减少、生态结构缺失等生态环境问题。淀内以沼泽为主，土壤营养物质丰富，生物种类繁多，是芦苇的理想产地。芦苇［*Phragmites australis*（*Cav.*）*Trin*. *ex Steud*］在白洋淀的分布广泛，是白洋淀分布面积最大、最典型的水生植被。本节根据白洋淀的人为干扰特征，并结合国控点的布设，筛选了8个采样点（表6-1）。

表 6-1　白洋淀 8 个采样点的人为干扰特征

采样点	经纬度	人为干扰特征
S1	北纬 38°54′16″，东经 115°55′26″	主要受保定市城市污水的影响
S2	北纬 38°54′16″，东经 115°56′5″	主要受府河城市污水的影响，较少的养殖业，村庄稀疏
S3	北纬 38°55′4″，东经 116°0′41″	主要受养殖业影响，村庄密集
S4	北纬 38°56′27″，东经 115°59′59″	养殖业少
S5	北纬 38°54′7.56″，东经 116°4′49″	白洋淀的出淀口，少人为干扰
S6	北纬 38°51′37″，东经 116°1′42″	主要受养殖业影响，离村庄近
S7	北纬 38°49′30″，东经 116°0′36″	养殖业少，村庄稀疏
S8	北纬 38°50′49″，东经 115°57′2″	主要受养殖业影响，村庄密集

　　湖泊面积变化与水文条件有关，主要水文和水质参数通过野外采样和历史记录获取。初始模型输入的湖泊水环境特征值根据作者以前的研究结果（表 6-2）确定。根据表 6-2 中的数据，白洋淀已经属于中营养–富营养状态。

表 6-2　白洋淀 2009～2010 年湖泊物理和化学参数特征

采样点	温度 /℃	pH	溶解氧（DO） /（mg/L）	NO_3^- /（mg/L）	NO_2^- /（mg/L）	NH_4^+ - N /（mg/L）	总氮（TN） /（mg/L）	PO_4^{3-} - P /（mg/L）	总磷（TP） /（mg/L）	总有机碳（TOC） /（mg/L）
S1	20.75	7.90	4.15	2.14	0.24	7.59	10.80	0.60	0.41	5.35
S2	19.88	7.90	4.75	2.02	0.21	6.69	9.05	0.27	0.22	6.35
S3	20.63	8.13	6.95	0.69	0.13	2.55	5.76	0.42	0.19	9.58
S4	22.80	8.05	8.93	0.20	ND	1.54	2.51	0.03	0.07	10.85
S5	21.18	8.13	7.10	0.67	0.05	1.34	1.28	0.02	0.03	8.20
S6	20.70	8.10	8.63	0.73	ND	1.67	1.94	0.03	0.06	8.85
S7	20.40	8.33	7.93	0.24	ND	1.51	1.92	0.02	0.04	10.45
S8	21.13	8.13	7.35	0.67	0.05	2.62	3.68	0.23	0.16	8.95

　　注：ND 表示未检测

6.1.2　研究区生物概况

　　研究区湖泊生态系统概念图如图 6-1 所示，湖泊生态系统可以分为三部分：①生产者（底栖藻类、大型水草和浮游藻类）；②消费者（浮游动物、底栖动物和鱼类）；③碎屑。底栖藻类可以分为蓝藻、绿藻和硅藻群落；大型水草可以分为狐尾藻和浮萍群落；浮游藻类可以分为绿藻、蓝藻、硅藻和隐藻群落；浮游动物可以分为原生动物、桡足类、枝角类和轮虫；底栖动物可以分为软体动物、环节动物和底栖昆虫；鱼类主要包括鲤鱼和鲶鱼。概念图中每个方形表示一种模型种群或者非生物成分，箭头表示能量流动的方向。

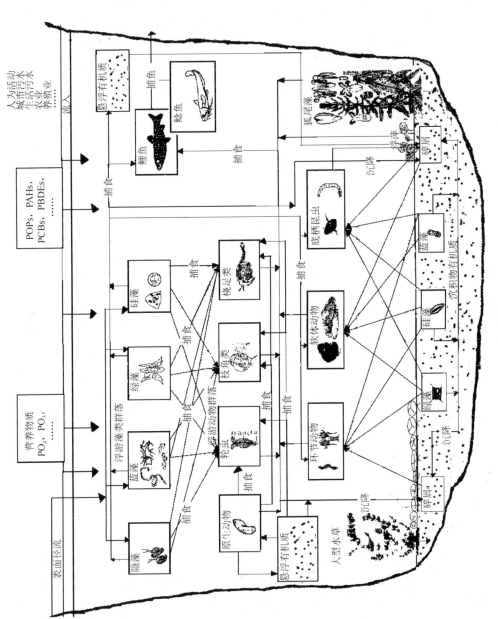

图 6-1　研究区湖泊生态系统概念图

6.2　材料与方法

6.2.1　沉积物物理化学特征及重金属浓度

2011 年 4～11 月，课题组选取白洋淀地区典型淀区具有代表性的 8 个采样点进行采样（表 6-1）。通过无扰动重力采样器采集采样点表层 0～10cm 底泥，每 2cm 为一层进行分层切分，用聚乙烯保鲜袋包装、封口并标记后带回实验室。将采集的底泥样品放入冷冻干燥机中冷冻干燥。将干燥后的样品转移至洁净搪瓷盘中，剔除石块、木屑、动植物残体等异物，混合均匀后用玛瑙研钵研磨处理，过 100 目尼龙筛，用聚乙烯袋保存备用。

沉积物的 pH 用玻璃酸度计电极测量悬浮液（土壤：水=1∶2.5）（鲁如坤，2000）。总氮（TN）和总磷（TP）的测量采用相应的标准方法（GB 7173—1987 和 GB 7852—1987）。运用重铬酸钾方法测定沉积物中有机碳含量；总有机碳（TOC）、溶解性有机碳（DOC）、有机质（OM）和腐殖质（Hu）根据相关标准方法进行测定（GB 9834—1988、GB 7857—1987 和 GB 7858—1987）。运用 Mastersizer 2000 激光粒径分析仪分析沉积物中粒径的组成（图 6-2），分析过程内控样 20%，仪器分析结果与标准值的误差均在允许范围内。

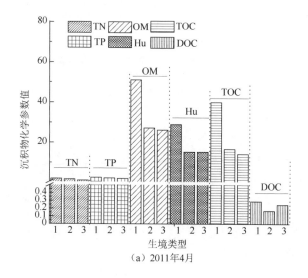

(a) 2011年4月

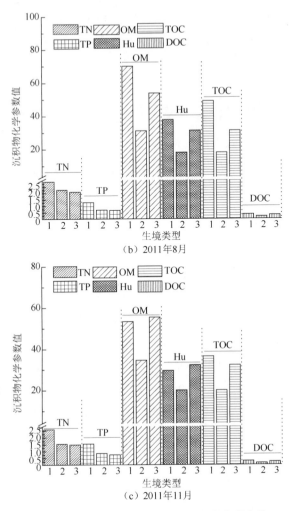

图 6-2　白洋淀不同时空条件下沉积物化学参数

　　本章采用的底泥重金属形态分析方法是优化的连续萃取提取法，底泥重金属总量分析是在 $HCl\text{-}HNO_3\text{-}HClO_4$ 消解后，进行重金属含量测定。测定过程中所需的酸均为优级纯，其他试剂均为分析纯，实验用水为超纯水。用 $HCl\text{-}HNO_3$ 进行消解的样品，运用原子荧光光谱的方法测定 Hg 和 As 的浓度。用 $HF\text{-}HNO_3\text{-}HClO_4$ 消解的样品，运用无火焰原子吸收分光光度法测定 Cd 的浓度，运用电感耦合等离子体-原子发射光谱法对 Cu、Ni、Pb、Zn 和 Cr 的浓度进行测定（Zhu et al.，2002）。

6.2.2　底栖动物收集和分析

　　采样于 2011 年 4～11 月进行，底栖动物样品采集及分析测定参照《湖泊富营养化调查规范》进行，定量样品的采集利用改良的 $1/16m^2$ 彼德生采泥器，每个采样点重复采集三四次。底泥在现场用孔径为 0.45mm 的网筛洗涤，剩余物带回实验室，置于解剖盘中进一步分拣出底栖动物标本，用 10%的福尔马林溶液固定，物种鉴定到种，并在实验室计数和称重。称量时，先用吸水纸吸去动物表面的水分，直到吸水纸表面无水痕迹为止。定量称重用电子天平，精确到 0.01g，节肢动物、环节动物精确到 0.001g。每个采样点的实验数据以均值表示。定性采集使用三角推网，每个采样点采样两三次，分离、鉴定同上。

对底栖动物种群进行鉴定，确定种群丰度等结构特征后，计算底栖动物的结构指标（表 6-3）。

表 6-3　白洋淀底栖动物群落生物指标

生物指标	定义	参考文献
Hilsenhoff 生物指数 HBI	$\sum_i P_i t_i$，式中 p_i 为第 i 个体数目的比例，t_i 是第 i 种的耐污性指数	Hilsenhoff, 1987
耐污种百分比 PTT	（耐污种种数/所有种数）×100	Blocksom et al., 2002
清洁种百分比 PIT	（清洁种种数/所有种数）×100	Lewis et al., 2015
种数 TR	样品中所有种数	Barbour et al., 1996
双翅目种数 NDT	双翅目种数	Blocksom et al., 2002
非昆虫百分比 PNI	（非昆虫种数/所有种数）×100	Mason et al., 1971
摇蚊幼虫百分比 PC	（摇蚊幼虫种数/所有种数）×100	Brinkhurst et al., 1968
优势种百分比 PDT	（优势种的个数/样品中总个数）×100	Trigal et al., 2006
群落损失指数 CLI	$CLI = \dfrac{d-a}{e}$，式中，a 是所有采样点都出现种的数目；d 是参考点出现的种的总数；e 是对照点出现的种的总数	Plafkin et al., 1989
群落相似性指数 CSI	$CSI = \dfrac{2C}{A+B}$，式中，A 是参考点出现的种的总数；B 是对照点出现的种的总数；C 是所有采样点都出现种的数目	Plafkin et al., 1989

注：耐污值 PTV 的范围为 0～10（PTV <4，清洁种；4≤ PTV ≤6，兼性种；PTV >6，耐污种）

6.2.3　重金属生态风险指数计算

沉积物重金属潜在生态风险评价采用瑞典科学家 Hakanson（1980）提出的评价方法。潜在生态风险指数评价方法包括 Cu、Pb、Zn、Cr、Cd、Hg、As 和 PCB 共 8 种污染物，涵盖了重金属和典型有机污染物。该方法考虑了沉积物中污染物的毒性及其在沉积物中普遍的迁移转化规律，通过污染物总量分析与区域背景值进行比较，消除了区域差异及异源污染的影响，已成为目前沉积物重金属污染质量评价应用广泛的一种方法（刘志杰等，2012；雷凯等，2008）。

沉积物污染参数及潜在生态风险评价计算方法见第 5 章。毒性系数揭示了单个污染物对人体和水生生态系统的危害（表 6-4）。

表 6-4　不同重金属的毒性效应系数

种类	T_r^i	C_n^i / (mg/kg)
As	$10 \times 5^{1/2}/(BPI)^{1/2}$	15
Cd	$30 \times 5^{1/2}/(BPI)^{1/2}$	1.0
Cr	$2 \times 5^{1/2}/(BPI)^{1/2}$	90
Pb	$5 \times 5^{1/2}/(BPI)^{1/2}$	70
Cu	$5 \times 5^{1/2}/(BPI)^{1/2}$	50
Hg	$40 \times 5^{1/2}/(BPI)^{1/2}$	0.25
Zn	$1 \times 5^{1/2}/(BPI)^{1/2}$	175

6.2.4　统计分析

为了建立重金属生态风险与生物指标的相关关系，运用 Pearson 相关分析方法分析非正态分布的数据，显著性水平分别设为 $p<0.05$，$p<0.01$，统计分析运用 SPSS 软件。

6.3　白洋淀重金属及其生态风险的时空分布

白洋淀表层沉积物中 7 种重金属元素含量的变化见图 6-3。在 2011 年 4～11 月，As、Cd、Cr、Cu、Pb、Hg、Zn 的浓度范围分别为 7.97～20.79mg/kg（标准偏差=4.62）、0.07～0.67mg/kg（标准偏差=0.18）、51.74～100.50mg/kg（标准偏差=13.37）、13.61～61.50mg/kg（标准偏差=13.29）、15.42～53.00mg/kg（标准偏差=10.40）、0.04～0.10mg/kg（标准偏差=0.02）、21.90～134.00mg/kg（标准偏差=35.83）（图 6-3）。重金属的空间分布规律为在生境 1 中最高，该空间分布规律与人为干扰的程度直接相关。重金属浓度的季节分布规律为 4～8 月逐渐增加，而 8～11 月逐渐降低。As 在 3 种生境中的平均浓度在 4 月分别为 10.79mg/kg（标准偏差=2.13）、9.40mg/kg（标准偏差=1.45）、8.50mg/kg（标准偏差=3.27）；在 8 月分别为 20.79mg/kg（标准偏差=2.60）、17.73mg/kg（标准偏差=1.85）、15.77mg/kg（标准偏差=4.68）；在 11 月分别为 10.67mg/kg（标准偏差=1.65）、9.03mg/kg（标准偏差=1.50）、7.97mg/kg（标准偏差=3.00）。其他重金属的时空分布与 As 相似。所有的重金属显示出显著相关性（r=0.559～0.967），这表明这些重金属具有相似来源。

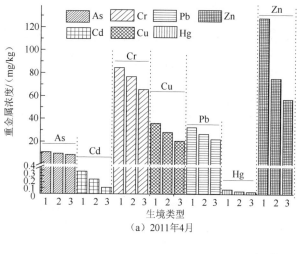

（a）2011年4月

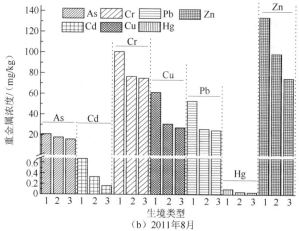

（b）2011年8月

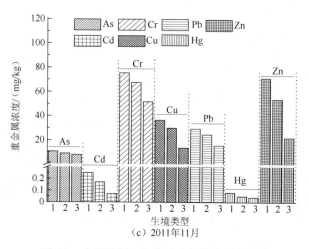

（c）2011年11月

图 6-3　白洋淀沉积物中重金属浓度时空变化

在不同生境中各种重金属所占 RI 的比例 RI_{ij}（%）如图 6-4 所示，生态风险的时空变化具有差异。4 月，在生境 1 和 2 中，主要的生态风险来自于 Hg（32.07% 和 27.94%），其次为 Cd（28.57%和 26.20%）及 As（18.03%和 21.89%）；在生境 3 中，主要的生态风险来自于 Hg（30.77%），其次为 As（27.24%）及 Cd（15.87%）。8 月，在生境 1 中主要的生态风险来自于 Cd（31.96%），其次为 Hg（25.44%）及 As（22.04%）；在生境 2 中主要的生态风险来自于 As（31.99%），其次为 Cd（26.80%）及 Hg（21.65%）；在生境 3 中主要的生态风险来自于 As（37.14%），其次为 Hg（22.61%）及 Cd（16.96%）。11 月，在生境 1 主要的生态风险来自于 Hg（36.32%），其次为 Cd（21.28%）及 As（20.18%）；在生境 2 和 3 主要的生态风险来自于 Hg（31.15%和 36.47%）；其次为 As（23.44%和 30.27%）及 Cd（19.86%和 11.97%）。

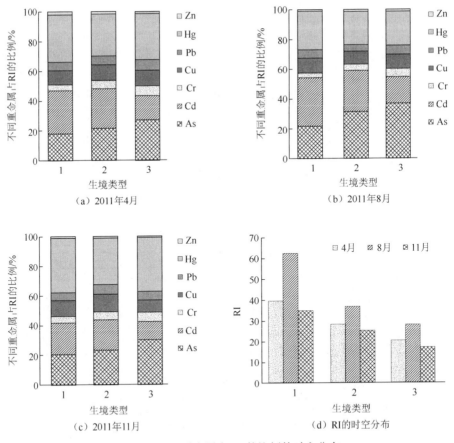

图 6-4　不同重金属占 RI 的比例的时空分布

生态风险值的空间分布规律为在生境1中最高（$RI_{4月}$=39.91，$RI_{8月}$=62.89，$RI_{11月}$=35.24），其次为生境2（$RI_{4月}$=28.63，$RI_{8月}$=36.94，$RI_{11月}$=25.68）和生境3（$RI_{4月}$=20.80，$RI_{8月}$=28.30，$RI_{11月}$=17.55）。RI的时间分布规律为4～8月逐渐增加，而8～11月逐渐减少，重金属生态风险的时空变化规律与人为干扰的程度显著相关（图6-4）。

6.4　白洋淀底栖动物结构特征的时空分布

在采样期间，HBI的范围为4.87～9.18（标准偏差=±1.68），PTT的范围为0.15～0.88（标准偏差=±0.23），PIT的范围为0.00～0.30（标准偏差=±0.12），TR的范围为0.50～3.33（标准偏差=±1.01），NDT的范围为0.67～3.50（标准偏差=±0.99），PNI的范围为0.00～0.89（标准偏差=±0.31），PC的范围为0.07～1.0（标准偏差=±0.40），PDT的范围为0.50～0.93（标准偏差=±0.17），CLI的范围为0.48～1.88（标准偏差=±0.57），CSI的范围为0.00～0.60（标准偏差=±0.23）。从空间分布来看，HBI、PTT、NDT、PC、PDT、CLI的最大值均出现在生境1中，PIT、PNI、CSI的最大值出现生境3中，TR的最大值出现在生境2中；从时间分布来看，HBI、PTT、TR、NDT、PNI、PC、PDT、CLI的最大值出现在8月，PIT、CSI的最大值出现在4月（图6-5）。

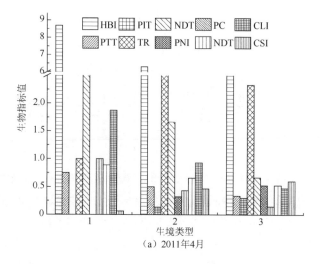

（a）2011年4月

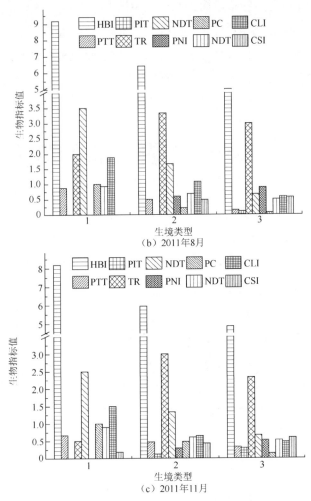

图 6-5　白洋淀底栖动物结构指标时空分布

6.5　白洋淀底栖动物结构指标与重金属潜在生态风险的相关性

本节试图建立底栖动物结构指标与重金属生态风险之间的相关性，表 6-5 显示了生物指标与风险指数的 Pearson 相关系数。HBI、PTT、PIT、NDT、PC、PDT、CLI 和 CSI 指标与各种重金属生态风险指数的相关性显著，除了 E_r^i(As)；TR 和 PNI 指标与重金属生态风险指数的相关性较弱。HBI、PTT、NDT、PNI、PC、PDT、CLI、CSI 与 E_r^i(Hg) 的相关性最显著（r=0.975，p<0.01；r=0.935，p<0.01；r=0.974，

$p<0.01$；$r=-0.856$，$p<0.01$；$r=0.945$，$p<0.01$；$r=0.965$，$p<0.01$；$r=0.948$，$p<0.01$；$r=-0.983$，$p<0.01$），PIT 与 E_r^i(Zn) 的相关性最显著（$r=-0.795$，$p<0.05$）。E_r^i(As) 与 PIT 的相关性最显著（$r=-0.626$），E_r^i(Cd)、E_r^i(Cr)、E_r^i(Cu)、E_r^i(Pb) 与 NDT 的相关性最显著（$r=0.911$，$p<0.01$；$r=0.850$，$p<0.01$；$r=0.913$，$p<0.01$；$r=0.890$，$p<0.01$），E_r^i(Hg) 与 CSI 的相关性最显著（$r=-0.983$，$p<0.01$），E_r^i(Zn) 与 CLI 的相关性最显著（$r=0.861$，$p<0.01$），RI 与 NDT 的相关性最显著（$r=0.913$，$p<0.01$）。

表 6-5 白洋淀底栖动物生物指标与重金属生态风险值的 Pearson 相关系数

生物指标	E_r^i							RI
	As	Cd	Cr	Cu	Pb	Hg	Zn	
HBI	0.429	**0.854****	**0.817****	**0.856****	**0.827****	**0.975****	**0.810****	**0.862****
PTT	0.329	**0.839****	**0.729***	**0.810****	**0.797***	**0.935****	**0.724***	**0.813****
PIT	-0.626	**-0.731***	**-0.785***	**-0.752***	-0.655	**-0.723***	**-0.795***	**-0.770***
TR	0.130	-0.235	-0.221	-0.305	-0.289	-0.657	-0.257	-0.293
NDT	0.510	**0.911****	**0.850****	**0.913****	**0.890****	**0.974****	**0.801****	**0.913****
PNI	0.019	-0.597	-0.516	-0.630	-0.613	**-0.856****	-0.484	-0.577
PC	0.188	**0.701***	**0.677***	**0.757***	**0.723***	**0.945****	0.643	**0.715***
PDT	0.372	**0.807****	**0.759***	**0.811****	**0.777***	**0.965****	**0.753***	**0.817****
CLI	0.470	**0.860****	**0.829****	**0.824****	**0.807****	**0.948****	**0.861****	**0.863****
CSI	-0.394	**-0.833***	**-0.801****	**-0.857****	**-0.837****	**-0.983****	**-0.788***	**-0.847****

*相关显著性在 0.05 水平；**相关显著性在 0.01 水平

整体分析各个生境沉积物中重金属的单项污染系数 C_f^i，多项污染系数 C_d、单项潜在生态风险指数 E_r^i 和潜在生态风险指数 RI，可以发现，白洋淀生境 1 中的各项指标均高于白洋淀生境 2 和 3 中，生境 1 在 8 月处于高风险水平，其余月份处于中度风险水平，而生境 2 在 8 月处于中度风险水平，其余月份处于低风险水平，生境 3 一直处于低风险水平。这种差异状况的出现可能与生境 1 直接承受来自保定市城市污水的污染有关，而生境 2 分布着大量的农村，与主要承受养殖业和农村生活污水的污染有关，与生境 3 较少承受人为干扰的状况有关。

对湖泊沉积物中各种主要微量重金属元素的含量进行相关性分析（表 6-6），结果表明，除 Hg 与 As 外（$r=0.389$），Cd、As、Cu、Pb、Cr、Zn 相互之间都存在显著相关性（$p<0.05$）。这说明白洋淀中上述重金属元素的含量具有共同的变化趋势，在来源、运输、沉降、富集等方面有着十分相似的地球化学行为（吴攀碧等，2010）。

表 6-6　白洋淀沉积物中各种重金属元素的相关性

重金属元素	As	Cd	Cr	Cu	Pb	Hg	Zn
As	1	—	—	—	—	—	—
Cd	0.752*	1	—	—	—	—	—
Cr	0.740*	0.931**	1	—	—	—	—
Cu	0.725*	0.952**	0.936**	1	—	—	—
Pb	0.708*	0.962**	0.941**	0.983**	1	—	—
Hg	0.389	0.825**	0.784*	0.870**	0.850**	1	—
Zn	0.696*	0.889**	0.942**	0.824**	0.834**	0.708**	1

$*p<0.05$；$**p<0.01$（双尾检验）

由于底栖动物种群组成时空差异大，将白洋淀各生境底栖动物的群落结构特征与其沉积物重金属生态风险指数进行相关性分析（表 6-5），结果表明，HBI、PTT、NDT、PC、PDT、CLI 与 E_r^i(Cd)、E_r^i(Cr)、E_r^i(Cu)、E_r^i(Pb)、E_r^i(Hg)、E_r^i(Zn)、RI 呈显著正相关关系（$p<0.05$），除了 PC 与 E_r^i(Zn) 之外；PIT、CSI 与 E_r^i(Cd)、E_r^i(Cr)、E_r^i(Cu)、E_r^i(Hg)、E_r^i(Zn)、RI 呈显著负相关关系（$p<0.05$）。

研究表明底栖动物群落的 HBI、PTT、NDT、PNI、PC、PDT、CLI、CSI 与 E_r^i(Hg) 的相关性最显著，这一结果与长江江苏段的研究结果相似，该水域的颤蚓寡毛类也可以作为重金属污染尤其是 Hg 污染的指示物种（沈敏等，2006）。

6.6　小　　结

本章整体分析了各个生境沉积物中重金属的单项污染系数 C_f^i、多项污染系数 C_d、单项潜在生态风险指数 E_r^i 和潜在生态风险指数 RI，综合反映出白洋淀湖泊生态系统在较高人为干扰下，重金属呈现出不同于自然状态的分布规律，极大地影响了栖息地的完整型和潜在的生态风险水平。

同时研究结果表明：在重金属生态风险较高的区域，耐污种（主要为摇蚊幼虫）作为优势种群大量存在，而清洁种不适合生存，造成底栖动物群落种群数量的减少，群落损失指数增加。

将底栖生物的群落结构指标作为白洋淀沉积物中重金属潜在生态风险的指示生物指标具有重要的生态意义。

建议加强对湖泊湿地栖息地完整性的生态监测，同时强化上游府河城市及乡镇等人为干扰的控制和管理，努力降低白洋淀的潜在生态风险，保障其栖息地完整性，提升其生态健康水平。

第三篇　栖息地完整性保障技术与展望

第7章　栖息地完整性保障技术

7.1　基于水力连通的环境流量计算

流域尺度下河流环境流量优化计算应遵循先分区、再分类的原则。首先确定流域的生态分区，再对生态分区内河流进行综合分类（杨志峰等，2005）。Alcázar和Palau（2010）在流域尺度下，计算了西班牙埃布罗河流域河流的环境流量，采取先分区、后分类的原则，基于流域水文站分布，构建了河流流态、流域地形地貌评价指标体系。并且对这些指标进行主成分分析和空间聚类分析，将具有相似水文、地形地貌特征的河流划分为一类。应用线性内插法计算每一类河流的环境流量，并以多元线性回归法构建了每一类河流的环境流量预测模型，为水量充足、水生态完整性较好的山区河流的环境流量评估提供了借鉴方法。本章根据《全国重要江河湖泊水功能区划（2011～2030 年）》对海河流域的分区结果，按照流域水资源配置和使用要求，辨识河道上、下游使用功能和保护目标的差异，以及河道子系统、湿地子系统和河口子系统在水功能区分布的空间差异；并根据平原河流的生态类型（石维等，2010），构建了海河流域平原河流水力连通完整性环境流量优化计算模型，以保障河道子系统、湿地子系统和河口子系统水文循环和空间连通完整性为目标，提出了不同时空尺度下的河流环境流量，以期为流域水资源配置和河流栖息地完整性恢复提供基础依据。

7.1.1　流域水功能分区

水功能区指水生态特征、水资源自然特征及开发利用现状相近，主导水体功能相似或未来期待开发为具有相似使用功能的水体或分区水域（石秋池，2002；彭文启，2012）。2011 年，国务院正式批复《全国重要江河湖泊水功能区划（2011～2030 年）》，标志着国家实施最严格水资源保护制度的开始，水资源管理也进入了全新的阶段（彭文启，2012）。根据《全国重要江河湖泊水功能区划（2011～2030 年）》确定流域水功能一级分区和二级分区。一级水功能区包括保护区、保留区、开发利用区、缓冲区四类；二级水功能区包括饮用水源区、工业用水区、农业用水区、渔业用水区、景观娱乐用水区、过渡区、排污控制区七类，主要协调不同用水行业间的关系（水利部，2012）。

根据流域水功能一级分区和二级分区，明确河流、湿地及河口三类子生态系统在其内的空间分布。海河流域纳入全国水功能区划的河流有 74 条、湖库有 15 个，划分水功能一级区合计 159 个，区划河长 10 179km。

7.1.2　平原型河流生态类型

由于海河流域平原型河流目标功能各不相同，按照功能定位对其进行分类，将具有相同或相近生态现状和目标功能的河流分为一类（表 7-1），计算河流的环境流量。

表 7-1　河段在水功能区的分布及其生态类型

水系	河段		河段长度/km	河段位于水功能区长度/km	生态类型
滦河及冀东沿海诸河	滦河		158	保护区，158	生态补水型
	陡河		120	开发利用区，120	生态补水型
海河北系	蓟运河		189	缓冲区，76.4；开发利用区，112.6	生态补水型
	潮白河		80	保护区，24；缓冲区，27；开发利用区，29	生态补水型
	北运河		129	缓冲区，45.7；开发利用区，83.3	强化治污型
	永定河		166	缓冲区，144；开发利用区，22	河道蒸散型
海河南系	白沟河		54	保护区，54	河道蒸散型
	南拒马河		70	保护区，70	河道蒸散型
	唐河		140	缓冲区，47；开发利用区，93	河道蒸散型
	潴龙河		96	保留区，96	河道蒸散型
	滹沱河	黄壁庄水库—邵同	59.2	开发利用区，190	河道蒸散型
		邵同—献县	130.8		生态补水型
	滏阳河		329	开发利用区，329	生态补水型
	子牙河		162	保护区，17；缓冲区，93.5；开发利用区，51.5	生态补水型
	漳河		114	开发利用区，114	河道蒸散型
	卫河		272	保留区，39.4；开发利用区，232.6	强化治污型
	卫运河		157	缓冲区，157	强化治污型
	南运河		150	保护区，150	生态补水型
	海河干流		72	保护区，33.5；缓冲区，38.5	生态补水型
	漳卫新河		165	缓冲区，165	强化治污型
徒骇马颊河水系	徒骇河		418	缓冲区，159.8；开发利用区，158.2	强化治污型
	马颊河		426	保护区，285；缓冲区 27；开发利用区，114.2	生态补水型

1. 河道蒸散型

指河道长期干涸（干涸时间>300 天），河床严重沙化的河流或河段。包括永定河、白沟河、南拒马河、唐河、潴龙河、滹沱河（黄碧庄水库—邵同）、漳河，其中潴龙河、唐河、永定河为典型河流。

2. 强化治污型

指水量较丰沛（干涸时间<60 天），但水体受到严重污染，COD>150mg/L（大于农灌水标准）或 DO<0.4mg/L（一般鱼类致死量），水体水质不满足相应水功能区目标水质的河流或河段。包括北运河、卫河、卫运河、漳卫新河、徒骇河，其中卫运河为典型河流（户作亮，2010）。

3. 生态补水型

指平原区 21 条河段中，河道蒸散型及强化治污型以外的河流或河段，包括滦河、陡河、蓟运河、潮白河、滹沱河（邵同—献县）、滏阳河、子牙河、南运河、海河干流、马颊河，其中滦河为典型河段。

生态补水型河流中仅滦河水质较好，没有闸坝控制，河流纵向连通性较好。其生态功能定位是全年水体连通和基本生境维持（石维等，2010）。

7.1.3　子生态系统环境流量计算模型

本节根据海河流域水资源开发利用现状和水生态现状，基于 Tennant（1976）推荐的年均流量的百分比与河流不同生态保护目标的关系、不同水功能区水资源配置和使用要求、不同生态类型河流主导生态功能的恢复目标，对杨志峰等（2005）提出的河流不同生态恢复等级的环境流量保障系数基数和河流不同生态恢复模式环境流量保障系数进行优化和改进，提出了子生态系统环境流量保障系数 ζ、水功能区环境流量保障系数 α 和河流生态类型环境流量保障系数 β。基于 21 个平原河段控制水文站点 1956～1984 年的月天然流量数据，21 个平原河段生态类型（石维等，2010），流域内河段、湿地及河口在水功能区分布情况（表 7-1～表 7-3），以及河流在不同恢复等级下的环境流量配置方案（表 7-4），计算 21 个平原河段、12 块湿地及 3 个河口的月环境流量。

表7-2　主要湿地水功能区分布

水系	湿地	水面面积/km²	水功能区
海河北系	白洋淀	160	保护区
海河北系	七里海	60	开发利用区
海河北系	黄庄洼	339	开发利用区
海河北系	大黄铺洼	110	开发利用区
海河北系	青甸洼	65	开发利用区
海河南系	南大港	98	开发利用区
海河南系	衡水湖	40	开发利用区
海河南系	北大港	150	开发利用区
海河南系	团泊洼	60	开发利用区
海河南系	大浪淀	50	开发利用区
海河南系	宁晋洼	150	开发利用区
徒骇马颊河水系	恩县洼	100	开发利用区

表7-3　主要河口水功能区分布

水系	河口	年均入海水量/亿 m³	水功能区
滦河及冀东沿海诸河水系	滦河河口	19.9	保护区
海河南系	海河河口	2.84	开发利用区
海河南系	漳卫新河河口	1.7	保护区

表7-4　河流不同恢复等级下环境流量配置方案

恢复等级	环境流量配置方案	生态功能
优	高	河流、湿地及河口接近自然状态，保证河流的生态完整性
中	中	河流生态系统开始恢复，保证河流基本的流动性和主要的服务功能
差	低	保证河流不断流、湿地不萎缩、河口维持基本入海水量

1. 河道子系统

$$Q_L = \sum_{i=1}^{N} \xi_1 \times \alpha_i \times \frac{l_i}{L} \times \beta \times Q_n \qquad (7\text{-}1)$$

式中，Q_L 为河道环境流量；ξ_1 为河道环境流量保障系数（表 7-5），α 为水功能区环境流量保障系数（Yang et al.，2013b）（表 7-6）；β 为河流不同生态类型环境流量保障系数（Yang et al.，2013b）（表 7-7）；Q_n 为多年平均（月）天然径流量。若考虑河流水文情势年际变化特征，河流丰水年、平水年和枯水年的环境流量分别以 $Q_{L丰}$、$Q_{L平}$ 和 $Q_{L枯}$ 表示；$Q_{n丰}$、$Q_{n平}$ 和 $Q_{L枯}$ 分别表示丰水年、平水年和枯水年的多年平均（月）天然径流量。

表 7-5　子生态系统汛期、非汛期不同恢复等级下的环境流量保障系数

子生态系统	ξ_1					
	汛期（6~9 月）			非汛期（10~5 月）		
	差（75%保障率）	中（50%保障率）	优（25%保障率）	差（75%保障率）	中（50%保障率）	优（25%保障率）
河段	0.25	0.50	0.70	0.20	0.30	0.45
湿地	0.20	0.45	0.65	0.15	0.25	0.40
河口	0.15	0.40	0.60	0.10	0.20	0.35

表 7-6　水功能区环境流量保障系数 α 取值

水功能区	α	
	10~12 月和 1~3 月	4~9 月
保护区	1	1
保留区	0.67~0.80	0.67~0.83
缓冲区	0.67~0.80	0.67~0.83
开发利用区	0.20~0.60	0.33~0.67

表 7-7　河流生态类型环境流量保障系数 β 取值

河流恢复类型	参考文献	β
生态补水型	户作亮，2010；石维等，2010	0.16~0.24
强化治污型	宋刚福和沈冰，2012	0.48~0.60
河道蒸散型	户作亮，2010；石维等，2010	0.096~0.220

2. 湿地子系统

水系内与河道具有水文联系的湿地环境流量按下式确定：

$$W_w = \left\{ W_p + W_b + \xi_2 \times \alpha \left[Q_s + \text{Max}\left(W_q, Q_e\right) + W_n + W_y \right] \right\} / T \qquad (7\text{-}2)$$

式中，W_p 为湿地植被环境流量（亿 m³/月）；W_b 为地下水补给湿地的环境流量（亿 m³/月）；ξ_2 为湿地环境流量保障系数；Q_s 为湿地土壤环境流量（亿 m³/月）；

W_q 为维持湿地动物生存的栖息地所需的环境流量（亿 m^3/月）；Q_e 为维持湿地适宜的景观和娱乐功能所需的环境流量（亿 m^3/月）；W_n 为防止海岸侵蚀环境流量（亿 m^3/月）；W_y 为溶盐、洗盐环境流量（亿 m^3/月）；W_n 和 W_y 为滨海湿地的特征参数，因此，对于内陆湿地，W_n 和 W_y 值为零；T 为湿地的换水系数（天）。

3. 河口子系统

水系末端河口的环境流量按下式确定：

$$F = F_a + \xi_3 \times \alpha(F_b + F_c) \tag{7-3}$$

式中，ξ_3 为河口环境流量保障系数；F_a 为河口维持淡水、咸水交换平衡环境流量（亿 m^3/月）；F_b 为维持河口动物正常代谢环境流量（亿 m^3/月）；F_c 为维持河口动物适宜栖息地的环境流量（亿 m^3/月）。

4. 流域尺度下河流环境流量整合计算

流域尺度下不同水系月环境流量整合计算过程中，为避免同一水系环境流量的重复计算，扣除了上游河段、中游河段及下游河段非消耗性环境流量的重叠部分，以及存在水力连通关系的河段及河口的非消耗性环境流量。流域尺度下河流环境流量整合计算原则如下：

（1）分别计算河道子系统、湿地子系统及河口子系统的环境流量。

（2）同一水系河道、湿地和河口子系统环境流量整合计算。

为避免同一水系子生态系统环境流量的重复计算，采用基于控制水文站点的河流网络整合计算方法（图 7-1）。该方法基于同一水系内干流与支流、河道子系统、湿地子系统和河口子系统的水力连通关系进行环境流量的整合计算，避免了同一水系内河道、湿地和河口环境流量的重复计算。

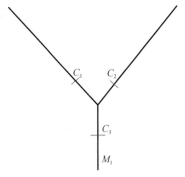

图 7-1　河流网络整合计算模式

C_1 为支流 T_1 上控制水文监测断面

$$K = \frac{Q_{n1} + Q_{n2}}{Q_{n3}} \qquad (7\text{-}4)$$

式中，Q_{n1} 为月均流量（亿 m³/月）；C_2 为支流 T_2 上控制水文监测断面，Q_{n2} 为月均流量（亿 m³/月）；C_3 为干流 M_1 上控制水文监测断面，Q_{n3} 为月均流量（亿 m³/月）；K 为整合计算系数，反映了河道支流由于汇流和顶托回水与干流流量的折算关系。将与河道子系统具有水力连通关系的湿地子系统简化为支流进行计算。

北三河水系潮白河与北运河 K 值为 0.45；大清河水系白沟河与南拒马河 K 值为 0.21；子牙河水系滹沱河、滏阳河与子牙河 K 值为 0.55；漳卫河水系漳河、卫河与卫运河 K 值为 0.48。

（3）同一水系河段、湿地及河口环境流量整合计算。

将河段、湿地及河口三类子生态系统环境流量进行整合，得到流域尺度下河流水生态系统环境流量。首先进行同一水系不同河段环境流量整合；再进行同一水系河段、湿地和河口三类子生态系统环境流量整合；最后将不同水系环境流量进行整合，得到流域尺度下河流环境流量。本章基于水功能区划分，考虑流域水资源在不同水功能区的配置目标和使用要求，为避免子系统环境流量的重复计算，根据同一水系河段之间以及河段与河口间的空间连通关系和水力连通关系，将具有水力连通关系的湿地也看做河段。对于三条河段汇入的湿地，河段-湿地环境流量整合计算系数 K 取 0.79；对于有两条河段汇入的湿地，河段-湿地环境流量整合计算系数 K 取 0.55；对于河段单独汇入的湿地，河段-湿地环境流量整合计算系数 K 取 0.52。若汇入河段的环境流量保障率低于 12.00%，则河段-湿地环境流量整合计算系数 K 取 0.45。水系环境流量按照河道子系统、湿地子系统和河口子系统环境流量求和后分别乘以相应的整合计算系数确定。同一水系不同子系统环境流量计算公式如下：

$$(Q_{L1} + Q_{L2}) \times K_1 + Q_{L3} + \cdots + (Q_{Ln} + W_{w1}) \times K_2 + (Q_{Ln} + W_{w2}) \times K_3 + \cdots + F \qquad (7\text{-}5)$$

根据式（7-4）计算的四大水系子系统整合计算系数如表 7-8 所示，九大水系子系统整合计算系数如表 7-9 所示。其中，21 个平原河段、12 块湿地及 3 个河口的月环境流量计算结果列于表 7-10～表 7-12。

表 7-8　四大水系环境流量整合计算系数

水系	河段	河段环境流量整合计算系数	湿地			河段-湿地环境流量整合计算系数			河口
滦河及冀东沿海诸河水系	滦河	—	—			—			滦河河口
	陡河	—	—			—			
海河北系	蓟运河	—	青甸洼 —	黄庄洼	七里海	0.52 —	0.55	0.79	—
	潮白河	0.55							
	北运河	0.55	大黄埔洼			—			
	永定河	—	七里海			0.79			—
海河南系	海河干流	—	南大港 北大港 团泊洼			0.79			海河河口
	白沟河	0.79	—			—			—
	南拒马河	0.79	—			—			
	唐河	—	白洋淀			0.52			
	潴龙河	—							
	滹沱河	0.45	—			—			
	滏阳河	0.45	宁晋洼			0.45			—
	子牙河	—	—			—			
	南运河	—	大浪淀			0.52			—
	漳河	0.52	—			—			漳卫新河河口
	卫河	0.52	—			—			
	卫运河	—	—			—			
	漳卫新河	—	—			—			
徒骇马颊河水系	徒骇河	—	恩县洼			0.52			—
	马颊河	—							

表 7-9　九大水系环境流量整合计算系数

水系	河段	河段环境流量整合计算系数	湿地			河段-湿地环境流量整合计算系数			河口
滦河水系	滦河	—	—			—			滦河河口
	陡河	—	—			—			
北三河水系	蓟运河	—	青甸洼 —	黄庄洼	七里海	0.52 —	0.55	0.79	—
	潮白河	0.55							
	北运河	0.55	大黄埔洼			—			
永定河水系	永定河	—	七里海			0.79			
海河干流水系	海河干流	—	南大港 北大港 团泊洼			0.79			海河河口

续表

水系	河段	河段环境流量整合计算系数	湿地	河段-湿地环境流量整合计算系数	河口
大清河水系	白沟河	0.79	—	—	—
	南拒马河	0.79	—	—	
	唐河	—	白洋淀	0.52	
	潴龙河	—			
子牙河水系	滹沱河	0.45	—	—	—
	滏阳河	0.45	宁晋洼	0.45	
	子牙河	—	—	—	
黑龙港及运东水系	南运河	—	大浪淀	0.52	—
漳卫河水系	漳河	0.52	—	—	漳卫新河河口
	卫河	0.52	—	—	
	卫运河	—	—	—	
	漳卫新河	—	—	—	
徒骇马颊河水系	徒骇河	—	恩县洼	0.52	—
	马颊河	—			

表 7-10　21 个河段月环境流量　　　　　　　（单位：亿 m³）

河段		1月	2月	3月	4月	5月	6月	7月	8月	9月	10月	11月	12月	总计
滦河		0.050	0.050	0.100	0.130	0.080	0.110	0.550	0.590	0.250	0.160	0.120	0.060	2.250
陡河		0.000	0.000	0.000	0.010	0.010	0.010	0.010	0.010	0.010	0.010	0.010	0.000	0.080
蓟运河		0.000	0.000	0.000	0.000	0.000	0.030	0.030	0.040	0.030	0.010	0.000	0.000	0.140
潮白河		0.040	0.040	0.060	0.050	0.030	0.050	0.260	0.400	0.160	0.100	0.070	0.040	0.330
北运河		0.050	0.040	0.040	0.020	0.020	0.020	0.070	0.120	0.050	0.040	0.030	0.050	0.100
永定河		0.020	0.010	0.020	0.010	0.030	0.040	0.060	0.070	0.050	0.030	0.010	0.020	0.350
白沟河		0.010	0.010	0.010	0.010	0.010	0.020	0.020	0.040	0.020	0.020	0.010	0.010	0.160
南拒马河		0.010	0.010	0.010	0.010	0.010	0.010	0.020	0.010	0.010	0.010	0.010	0.010	0.110
唐河		0.010	0.010	0.010	0.020	0.030	0.030	0.030	0.030	0.030	0.010	0.010	0.010	0.210
潴龙河		0.010	0.020	0.020	0.010	0.030	0.030	0.060	0.070	0.050	0.030	0.010	0.010	0.370
滹沱河	黄壁庄水库—邵同	0.020	0.020	0.050	0.080	0.130	0.080	0.070	0.170	0.110	0.050	0.040	0.020	0.830
	邵同—献县	0.010	0.010	0.010	0.020	0.030	0.040	0.040	0.030	0.030	0.020	0.010	0.010	0.230
滏阳河		0.010	0.010	0.010	0.020	0.030	0.030	0.030	0.030	0.030	0.020	0.010	0.010	0.210
子牙河		0.090	0.100	0.100	0.070	0.080	0.090	0.200	0.670	0.500	0.260	0.160	0.110	2.430
漳河		0.010	0.010	0.010	0.020	0.020	0.020	0.020	0.030	0.020	0.020	0.010	0.010	0.180
卫河		0.350	0.350	0.420	0.350	0.350	0.280	0.600	0.840	0.460	0.460	0.670	0.280	5.410
卫运河		0.300	0.240	0.130	0.090	0.110	0.090	0.540	1.240	0.700	0.610	0.370	0.240	4.660

续表

河段	1月	2月	3月	4月	5月	6月	7月	8月	9月	10月	11月	12月	总计
南运河	0.130	0.100	0.090	0.100	0.100	0.090	0.220	0.500	0.310	0.270	0.190	0.130	2.230
海河干流	0.030	0.020	0.040	0.050	0.080	0.100	0.100	0.100	0.080	0.030	0.040	0.030	0.700
漳卫新河	0.006	0.010	0.006	0.008	0.008	0.090	0.120	0.290	0.090	0.130	0.010	0.006	0.690
徒骇河	0.020	0.020	0.020	0.020	0.040	0.040	0.100	0.140	0.120	0.060	0.040	0.020	0.640
马颊河	0.010	0.010	0.020	0.020	0.030	0.040	0.050	0.050	0.050	0.040	0.030	0.010	0.360
总计	1.190	1.090	1.180	1.130	1.260	1.280	3.210	5.490	3.170	2.390	1.860	1.090	22.670

表 7-11　12 块湿地月环境流量　　　　　（单位：亿 m³）

湿地	1月	2月	3月	4月	5月	6月	7月	8月	9月	10月	11月	12月	总计
白洋淀	0.74	0.74	0.91	0.91	0.91	1.58	1.58	1.58	0.86	0.86	0.86	0.74	2.63
七里海	0.10	0.10	0.12	0.12	0.12	0.20	0.20	0.20	0.11	0.11	0.11	0.10	0.35
黄庄洼	0.61	0.61	0.75	0.75	0.75	1.29	1.29	1.29	0.71	0.71	0.71	0.61	2.16
大黄埔洼	0.38	0.38	0.48	0.48	0.48	0.82	0.82	0.82	0.45	0.45	0.45	0.38	1.37
青甸洼	0.17	0.17	0.20	0.20	0.20	0.36	0.36	0.36	0.19	0.19	0.19	0.17	0.57
南大港	0.48	0.48	0.53	0.53	0.53	0.90	0.90	0.90	0.53	0.53	0.53	0.48	1.37
衡水湖	0.22	0.22	0.32	0.32	0.32	0.55	0.55	0.55	0.27	0.27	0.27	0.22	0.97
北大港	0.80	0.80	1.24	1.24	1.24	2.11	2.11	2.11	1.10	1.10	1.10	0.80	3.19
团泊洼	0.32	0.32	0.40	0.40	0.40	0.66	0.66	0.66	0.37	0.37	0.37	0.32	1.11
大浪淀	0.10	0.10	0.12	0.12	0.12	0.21	0.21	0.21	0.11	0.11	0.11	0.10	0.36
宁晋洼	0.10	0.10	0.12	0.12	0.12	0.20	0.20	0.20	0.11	0.11	0.11	0.10	0.35
恩县洼	0.25	0.25	0.31	0.31	0.31	0.52	0.52	0.52	0.28	0.28	0.28	0.25	0.89
总计	4.27	4.27	5.50	5.50	5.50	9.40	9.40	9.40	5.09	5.09	5.09	4.27	15.32

表 7-12　3 个河口月环境流量　　　　　（单位：亿 m³）

河口	1月	2月	3月	4月	5月	6月	7月	8月	9月	10月	11月	12月	总计
滦河河口	0.0013	0.0065	0.0260	0.0800	0.1900	0.3600	0.5200	0.6200	0.5200	0.3600	0.1900	0.0800	2.9538
海河河口	0.0017	0.0084	0.0340	0.1000	0.2500	0.4600	0.6700	0.8100	0.6700	0.4600	0.2500	0.1000	3.8141
漳卫新河河口	0.0011	0.0055	0.0230	0.0730	0.1830	0.3582	0.4184	0.6190	0.5176	0.3321	0.1733	0.0744	2.7786
总计	0.0041	0.0204	0.0830	0.2530	0.6230	1.1782	1.6084	2.0490	1.7076	1.1521	0.6133	0.2544	9.5465

7.1.4　河流生态系统环境流量时空分布特征

　　分析流域河流生态系统环境流量的时空变化特征，是综合配置水资源、河流环境流量恢复、河流栖息地完整性恢复的基础。本节基于上述河段、湿地及河口子系统月环境流量的计算结果，分析了河道子系统年内不同月份及年际间（丰水年和平水年）环境流量的变化规律，对比分析了河道子系统、湿地子系统和河口子系统以及不同水系年环境流量的差异，计算结果为河流环境流量配置和栖息地完整性恢复提供了基础依据。

7.1.4.1　河流生态系统环境流量时间分布特征

图 7-2 表明 21 个平原河段的月环境流量在 6～8 月显著增加，在 11 月到次年 5 月下降。由于高强度的水资源开发利用，海河流域平原区 21 个河段均已退化为季节性河流，河流生态过程随水文循环规律及季节变化而变化，具有周期性变化的特征。6～8 月的降水量占年降水量的 80%，大多数水生生物的生长期及繁殖期也处于这一时段。这一时期河流的环境流量也大于其他时期。21 个平原河段非汛期（11 月到次年 5 月）环境流量为 15.50 亿 m^3，分别占河道子系统年环境流量（22.67 亿 m^3）和流域多年平均径流量（263.9 亿 m^3）的 68.37% 和 5.87%。而 21 个平原河段 2000～2010 年枯水期平均水量仅为 11.08 亿 m^3，由于河流季节性断流而无法得到保证，需要为其配置水资源，保障河流正常的环境流量。

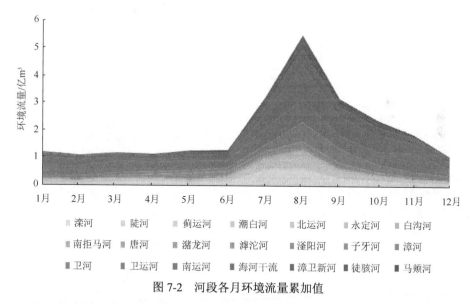

图 7-2　河段各月环境流量累加值

图 7-3 为海河流域 12 块湿地的月环境流量，6～8 月湿地环境流量最大，达到 9.40 亿 m^3，1～3 月环境流量最小，为 4.27 亿 m^3。若以芦苇作为湿地生态系统的指示生物，其生长期为 4～6 月，抽穗期为 8 月，这两个时期芦苇的蒸散发量和水面的蒸发量也较其他时期大。Cui 等（2010）提出一种综合考虑年均水位、年最小水位及年内水文波动三项水文指标的湿地水资源配置方法，该方法可用于海河流域湿地环境流量恢复和水资源管理实践。

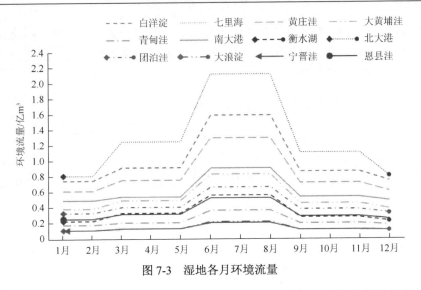

图 7-3　湿地各月环境流量

图 7-4 为海河流域 3 个主要河口的月环境流量,具有明显的季节性特征:在 8 月达到最大,1 月达到最小。海河流域 3 个主要河口汛期(6~8 月)环境流量为 7.44 亿 m^3,占年环境流量 9.72 亿 m^3 的 76.57%;非汛期环境流量为 2.28 亿 m^3,占年环境流量 9.72 亿 m^3 的 23.43%。3 个主要河口年环境流量占流域多年平均径流量(263.90 亿 m^3)的 3.68%。

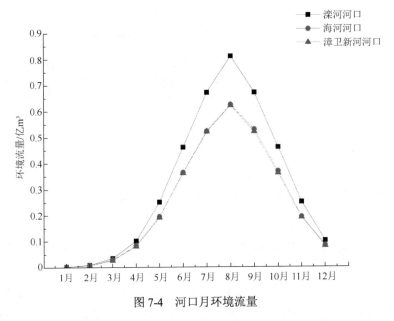

图 7-4　河口月环境流量

图 7-5 表明海河流域 21 个河段汛期环境流量为 15.5 亿 m^3,占多年平均径流量(263.90 亿 m^3)的 5.89%;21 个河段非汛期的环境流量为 8.8 亿 m^3,占多年平

均径流量（263.90 亿 m³）的 2.70%。21 个平原河段非汛期河流流量仅占年平均流量的 20%～30%。非汛期需要对河流进行环境流量补给，以保障河流正常的生态功能，尤其是生态补水型河段的环境流量。

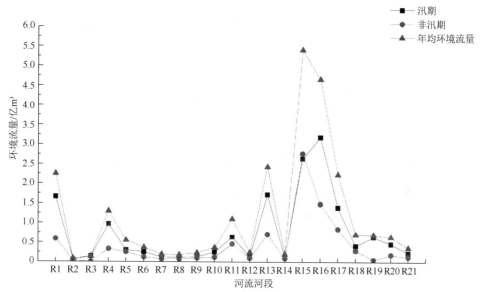

R1：滦河；R2：陡河；R3：蓟运河；R4：潮白河；R5：北运河；R6：永定河；R7：白沟河；
R8：南拒马河；R9：唐河；R10：潴龙河；R11：滹沱河；R12：滏阳河；R13：子牙河；R14：漳河；
R15：卫河；R16：卫运河；R17：南运河；R18：海河干流；R19：漳卫新河；R20：徒骇河；R21：马颊河

图 7-5　河段年环境流量对比

图 7-6 为海河流域 12 块湿地的月环境流量。12 块湿地的年环境流量为 15.32 亿 m³，占流域多年平均径流量（263.90 亿 m³）的 5.81%。W2 为白洋淀，具有调节气候、调节水资源和娱乐等重要生态功能。白洋淀年环境流量为 2.63 亿 m³，由于府河等多条入淀河流径流量逐年减少，在枯水期每年需从黄河应急调水补给环境流量。为恢复白洋淀的环境流量，1981～2009 年，水利部门向白洋淀实施 0.12 亿 m³ 到 1.5 亿 m³ 不等的应急调水 15 次，维持了白洋淀调节气候和景观娱乐的生态服务功能。

图 7-7 为海河流域 3 个主要河口的年环境流量。其中滦河河口年环境流量为 10.76 亿 m³，占流域多年平均径流量（263.90 亿 m³）的 4.08%；海河河口年环境流量为 9.08 亿 m³，占流域多年平均径流量（263.90 亿 m³）的 3.44%；漳卫新河河口年环境流量为 8.46 亿 m³，占流域多年平均径流量（263.90 亿 m³）的 0.32%。

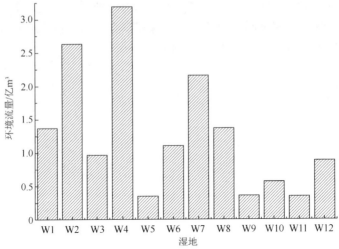

W1：南大港；W2：白洋淀；W3：衡水湖；W4：北大港；W5：七里海；W6：团泊洼；
W7：黄庄洼；W8：大黄埔洼；W9：大浪淀；W10：青甸洼；W11：宁晋洼；W12：恩县洼

图 7-6　湿地年环境流量对比

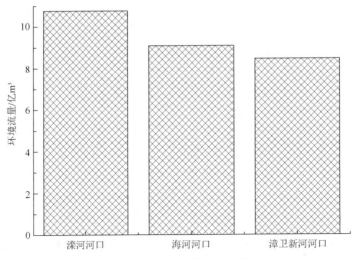

图 7-7　河口年环境流量对比

由于 1956～1964 年海河流域尚未修建大量闸坝（户作亮，2010），河流的天然流态保持较好，故以该时期河流的水文系列数据计算河段丰水年的环境流量（P=50%）；以 1965～1979 年的水文数据计算河段平水年的环境流量；以 1980～1984 年的水文系列数据计算河段枯水年的环境流量。

图 7-8 为 21 个平原河段在丰水年、平水年及枯水年的环境流量。生态类型不同，环境流量也不同。由图 7-8 可知，生态补水型河段环境流量＞强化治污型河段环境流量＞河道蒸散型河段环境流量。

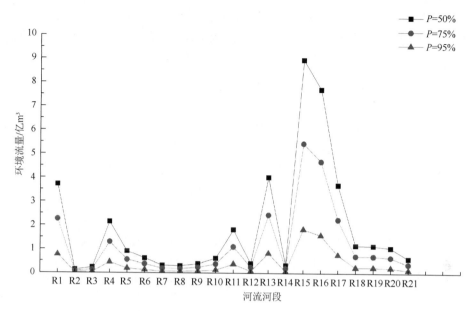

图 7-8　丰、平、枯水年河流环境流量

图 7-9 表明河段的月环境流量在 8 月达到最大，为 5.49 亿 m^3，在 2 月达到最小，为 1.19 亿 m^3，湿地月环境流量在 6~8 月达到最大，为 9.40 亿 m^3，在 12 月到次年 2 月达到最小，为 4.27 亿 m^3。此外，海河流域位于中国北方半干旱半

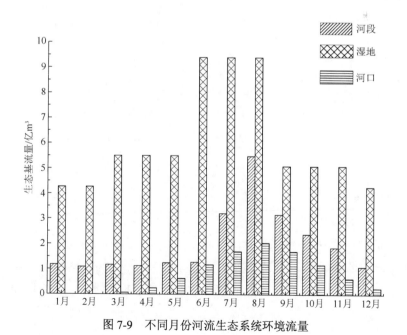

图 7-9　不同月份河流生态系统环境流量

湿润地区，降水量具有季节性特征且年降水量极不平衡。另外，海河流域水资源开发利用强度极高，2009 年流域水资源开发利用率已达 108%。因此，合理规划和配置水资源，应在枯水期为低环境流量保障率河段进行环境流量配置。

7.1.4.2　河流生态系统环境流量空间分布特征

海河流域河流生态系统年环境流量为 47.71 亿 m³，其中河段年环境流量为 22.67 亿 m³；在计算湿地环境流量时考虑了非消耗用水的兼容性，湿地的年环境流量为 15.32 亿 m³；河口的年环境流量为 9.72 亿 m³。

此外，若考虑河段的生态类型，生态补水型河段年环境流量为 11.40 亿 m³，占流域年平均径流量（263.90 亿 m³）的 4.320%；强化治污型河段年环境流量为 11.38 亿 m³，占流域年平均径流量（263.90 亿 m³）的 4.312%；河道蒸散型河段年环境流量为 1.54 亿 m³，占流域年平均径流量（263.90 亿 m³）的 0.584%（图 7-10）。

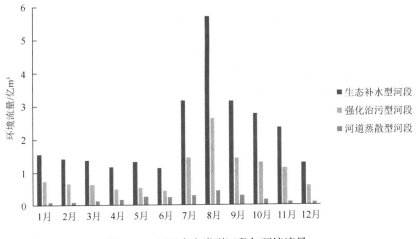

图 7-10　不同生态类型河段年环境流量

按照四大水系对河流环境流量进行划分，根据式（7-5）计算的海河南系、海河北系、滦河及冀东沿海诸河水系及徒骇马颊河水系年环境流量分别为 32.54 亿 m³、8.00 亿 m³、2.33 亿 m³ 和 1.89 亿 m³（图 7-11）。

按照九大水系对河流环境流量进行划分，根据式（7-5）计算的滦河水系年环境流量为 2.33 亿 m³，北三河水系为 0.57 亿 m³，永定河水系为 0.35 亿 m³，大清河水系为 0.85 亿 m³，子牙河水系为 3.70 亿 m³，漳卫河水系为 10.94 亿 m³，黑龙港及运东水系为 2.23 亿 m³，海河干流为 0.70 亿 m³，徒骇马颊河水系为 1.00 亿 m³（图 7-12）。

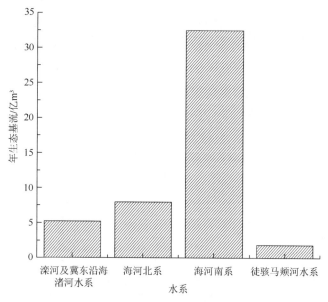

图 7-11　四大水系年环境流量

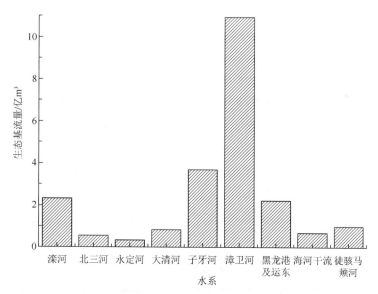

图 7-12　九大水系年环境流量

7.1.5　子系统环境流量配置的优先次序

7.1.5.1　河道子系统环境流量配置的优先次序

本节根据平原河流生态特征对 21 个河道子系统进行分类,生态补水型河段包括滦河、陡河、蓟运河、潮白河、滹沱河（邵同—献县）、滏阳河、子牙河、南运河、海河干流和马颊河共 10 个河段。河道子系统环境流量管理应首先保证生态补水型河段关键生态过程（鱼类产卵期 4～6 月；芦苇抽穗期 8 月）的环境流量保障和恢复。将 2000～2010 年平原区 21 个河段平均水量与年环境流量相比较，分别计算平原区 21 个河段环境流量保障率（图 7-13），按照 0、30%和 60%的阈值区间，可将平原区 21 个河段划分为三类。

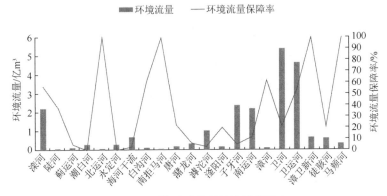

图 7-13　河道子系统环境流量保障率

　　第一类河段，环境流量保障率<30%：蓟运河、潮白河、永定河、海河干流、唐河、潴龙河、滹沱河、滏阳河、子牙河、南运河、卫河和徒骇河。

　　第二类河段，30%≤环境流量保障率≤60%：滦河、陡河、白沟河和卫运河。

　　第三类河段，环境流量保障率>60%：北运河、南拒马河、漳河、漳卫新河和马颊河。

　　其中，蓟运河、潮白河、滹沱河、滏阳河、子牙河、南运河和海河干流 7 个河段环境流量保障率低于 30%，且为生态补水型河段，流域水生态恢复和水资源配置应优先保障这 7 个河段，其次为环境流量保障率在[30%，60%]，且为生态补水型河段的滦河和陡河。

7.1.5.2　湿地子系统环境流量配置的优先次序

　　根据海河流域主要湿地的生态服务功能（表 7-13），将湿地划分为三类：第一类为湿地的保护和自我维持对于湿地动物保护和区域发展具有重要意义的湿地，包括白洋淀、七里海、南大港、衡水湖、北大港，其主导生态服务功能为湿地动物保护、水产供给、调节气候和旅游，这类湿地的环境流量配置须按照本章计算结果进行；第二类为湿地的存在对区域发展具有重要经济意义的湿地，包括黄庄洼、团泊洼和大浪淀，这类湿地环境流量的配置须满足非汛期（9 月～次年 5 月）相

应湿地的环境流量计算结果；第三类湿地目前已干淀，淀内为村庄和农田，主要
生态服务功能为调蓄洪水，这类湿地的环境流量配置可暂不考虑。

表 7-13　海河流域主要湿地主导生态服务功能

水系	湿地	现状水面面积/km²	湿地类型	主导生态服务功能	环境流量/亿 m³	环境流量配置优先次序
海河北系	白洋淀	122.00	湖泊湿地	旅游、水产供给、调节气候	2.63	I
海河北系	七里海	15.00	沼泽湿地	旅游、湿地动物保护	0.35	I
海河北系	黄庄洼	100.00	洼淀湿地	旅游	2.16	II
海河北系	大黄铺洼	63.37	洼淀湿地	调蓄洪水	1.37	III
海河北系	青甸洼	27.40	洼淀湿地	调蓄洪水	0.57	III
海河南系	南大港	54.00	水库湿地	湿地动物保护	1.37	I
海河南系	衡水湖	42.50	湖泊湿地	旅游、湿地动物保护	0.97	I
海河南系	北大港	126.12	水库湿地	湿地动物保护	3.19	I
海河南系	团泊洼	51.00	洼淀湿地	旅游、水产供给	1.11	II
海河南系	大浪淀	16.70	水库湿地	水资源供给	0.36	II
海河南系	宁晋洼	干淀	洼淀湿地	调蓄洪水	0.35	III
徒骇马颊河水系	恩县洼	40.00	洼淀湿地	调蓄洪水	0.89	III

7.1.5.3　河口子系统环境流量配置的优先次序

根据海河流域三个主要河口平均入海水量及环境流量（表 7-14）的相对大小，
可将河口分为三个等级：第一级，滦河河口，入海水量大，河口栖息地完整性恢复
要求高，丰水年保障 10%非汛期（8 月～次年 5 月）环境流量，平水年保障 20%非
汛期环境流量，枯水年保障 30%非汛期环境流量，汛期（6～8 月）保证流量峰值，
保障河口冲淤的生态功能；第二级，漳卫新河河口，河口栖息地完整性恢复目标
要求较高，入海水量较大，保障非汛期环境流量，丰水年保障 40%非汛期环境流
量，平水年保障 50%非汛期环境流量，枯水年保障 70%非汛期环境流量，保障河
口冲淤的生态功能；第三级，海河河口，人为干扰强度大，河口淤积严重，栖息地
完整性恢复要求不高，入海水量小。为保障河口冲淤的生态功能，需增加入海水量
保障环境流量，丰水年保障 60%非汛期环境流量，平水年保障 70%非汛期环境流
量，枯水年保障 90%非汛期环境流量。

表 7-14　主要河口入海水量变化

水系	河口	平均地表径流量/亿 m³	平均入海水量/亿 m³			环境流量/亿 m³	环境流量管理对策
			1980～1989年平均	1990～1999年平均	平均		
滦河及冀东沿海诸河	滦河河口	55.000 0	12.400 0	29.500 0	20.950 0	2.953 8	保障非汛期（9月～次年5月)环境流量、汛期冲淤
海河南系	漳卫新河河口	38.000 0	1.920 0	10.400 0	6.160 0	2.953 8	保障非汛期（9月～次年5月)环境流量、汛期冲淤
海河南系	海河河口	22.100 0	1.700 0	2.830 0	2.260 0	3.814 1	保障基本环境流量脉冲、汛期冲淤

海河流域河流生态系统年环境流量为 47.71 亿 m³，丰水期（6～9 月）、平水期（12 月～次年 3 月）和枯水期（4 月、5 月、11 月）河流生态系统环境流量分别为 29.99 亿 m³、9.51 亿 m³ 和 8.21 亿 m³。河道子系统、湿地子系统和河口子系统年环境流量分别为 22.67 亿 m³、15.32 亿 m³ 和 9.72 亿 m³。河段月环境流量在 8 月达到最大，为 5.49 亿 m³，在二月最小，为 1.19 亿 m³；湿地月环境流量在 6～8 月达到最大，为 9.40 亿 m³，在 12 月及 1 月最小，为 4.27 亿 m³；河口月环境流量在 8 月达到最大，为 2.05 亿 m³，2 月达到最小，为 0.004 亿 m³。由于海河流域水资源严重短缺，流域内生产和生活用水大量挤占生态用水，提高流域生产和生活用水效率，需要对退化河流进行环境流量补给，尤其要在枯水期对生态补水型河段进行环境流量补给。

按照生态类型划分，生态补水型河段、强化治污型河段和河道蒸散型河段对应的年环境流量分别为 11.40 亿 m³、11.38 亿 m³ 和 1.54 亿 m³；分别占流域年平均径流量（263.90 亿 m³）的 4.320%、4.312%和 0.584%。

河流环境流量的计算应选择长系列水文资料，在计算河段及河口的环境流量时应考虑非消耗性需水，流域尺度下，计算河流的环境流量，应考虑河段、湿地和河口三类子生态系统非消耗性需水的兼容性。河道子系统环境流量管理应对具有重要生态功能的生态补水型河段进行环境流量配置；湿地子系统环境流量管理应按照不同湿地生态服务功能的优先次序进行环境流量配置；河口子系统环境流量管理应按照河口的入海水量，按照汛期冲淤和非汛期环境流量脉冲保障进行环境流量配置。

7.2　基于生态风险降低的环境流量保障率计算

7.2.1　采样点设置

以海河南系漳卫南河为高生态风险区河段典型生态单元，滦河水系滦河为最低生态风险区对照河段的河段典型生态单元，由于白洋淀及其重要的生态服务功能，其作为湿地典型生态单元；2012 年 4 月，课题组以海河河口、独流减河河口、子牙新河河口、漳卫南河河口和徒骇河河口 5 个河口构成河口典型生态单元，共布设 33 个采样点，进行沉积物样品的采集。采样点用 GPS 定位，采样点分布如图 7-14 所示。

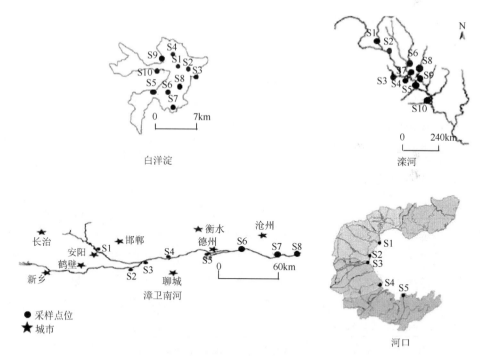

图 7-14　海河流域典型生态单元采样点位置图

在滦河设置 10 个采样点，漳卫南河设置 8 个采样点。这些采样点分布于水系结构的关键节点，采样点分为两个部分。

（1）河流干流，水流平稳，水面较开阔处。

（2）主要支流的交汇处。

7.2.1.1　河道子生态系统

采样点的设置遵循如下原则：

（1）考虑不同土地利用类型对沉积物的影响。

（2）考虑采样点在河流上、下游的分布，在城市用地、农业用地周围设置采样点。在每个采样点上，用内径为 6cm，长度为 50cm 的自制沉积物采样器采集表层 5cm 的沉积物。所有样品放于洁净聚乙烯样品袋中，并置入低温冷冻箱中保存，沉积物样品在实验室风干待测。

7.2.1.2　湿地子生态系统

在白洋淀共设置 10 个采样点，其中 9 个采样点位于国控监测点，1 个采样点位于淀内水中村（南刘庄）、府河白洋淀出口处。前 9 个采样点全部位于白洋淀具有重要水文关系的关键节点处，且这些采样点位可反映白洋淀流域不同的土地利用类型特征（水体、居民地）对沉积物质量的影响。

7.2.1.3　河口子生态系统

海河流域共有 62 个河口汇流入海，其中 12 个河口水域面积和入海水量大，对沿岸区域经济发展具有重要作用。本节设置海河河口、独流减河河口、子牙新河河口、漳卫南河河口和徒骇河河口 5 个采样点，并分析每个采样点沉积物 7 种重金属浓度。

7.2.2　样品分析

用 5 步提取法分析所有样品的 7 种重金属（As、Hg、Cr、Cd、Pb、Cu、Zn）浓度（Wan et al.，2005）。沉积物用 HF-HClO$_4$（Tessier et al.，1979）消解后，进行重金属各形态（可交换态、碳酸盐结合态、铁锰氧化物结合态、有机硫化物结合态和残渣态）含量的分析。As 和 Hg 浓度以电感耦合等离子体质谱仪（Perkin Elmer Elan 6000）分析；Cr、Cu 和 Zn 浓度以电感耦合等离子体-发射光谱仪（Optima 7000DV，Perkin Elmer）分析。所有样品均进行平行样分析，每种重金属进行 7 个空白分析。平行样分析结果表明仪器具有较好的再现性。所有重金属元素的加标回收率介于 74% 和 123% 之间。各重金属元素的检测限如下：As 为 1μg/g；Hg 为 0.002μg/g；Cr 为 5μg/g；Cd 为 0.03μg/g；Pb 为 2μg/g；Cu 为 1μg/g；Zn 为 2μg/g。为确保分析数据的有效性和分析方法的准确性，采用如下的标准分析样品：As 为 GBW(E) 080390；Hg 为 GBW(E) 080392；Cr 为 GBW(E) 080403；Cd 为 GBW(E) 080401；Pb 为 GBW(E) 080399；Cu 为 GBW(E) 080396；Zn 为 GBW(E)

080400）。所有分析过程均经过试剂空白、平行样和国家标准物质质量控制体系控制，以确保分析结果的有效性。

7.2.3 典型生态单元潜在生态风险评价

水体表层沉积物重金属的浓度，可表征淡水生态系统水体污染的程度。河流沉积物重金属潜在生态风险程度以 Hakanson 生态风险指数确定。Hakanson 生态风险指数基于水生态系统对外部胁迫因子的敏感性依赖于其生产力水平与外部胁迫因子的响应关系的假设对水污染生态风险进行评估（Hakanson，1980）。典型生态单元各采样点的生态风险指数（E_r^i）可用下式计算：

$$E_r^i = T_r^i \times C_f^i \tag{7-6}$$

式中，E_r^i 为特定物质的毒性响应因子；C_f^i 为污染因子，沉积物重金属浓度值与参考标准比值，$C_f^i = C_D^i / C_R^i$；C_d 为重金属的污染程度，$C_d = \sum_{i-1}^{m} C_f^i$；$C_D^i$ 为样品中重金属的分析浓度；C_R^i 为参考标准值。用于计算重金属毒性和敏感性的毒性响应因子 T_R^i 值为 Hg（40）>Cd（30）>As（10）>Cu（5）= Pb（5）>Cr（2）>Zn（1）。经过统计分析和标准化后分析污染物的污染特征。沉积物的潜在风险指数（RI）以各单项重金属的潜在生态风险的和（表 7-15）表示：

$$RI = \sum_{i=1}^{m} E_r^i \tag{7-7}$$

采用国家土壤环境背景值反映特定区域的差异，国家土壤环境背景值中 As、Hg、Cr、Cd、Pb、Cu 和 Zn 的背景值分别为 9.20、0.04、53.90、0.07、23.60、20.00、和 67.70mg/kg。

表 7-15 潜在生态风险评价指标和评价等级

潜在生态风险指数 E_r^i		潜在生态风险指数 RI	
第 i 种重金属的关键分布	生态风险等级	7 种重金属的关键值	生态风险指数等级
$E_r^i < 40$	低	RI<110	低
$40 \leqslant E_r^i < 80$	中	$110 \leqslant RI < 220$	中
$80 \leqslant E_r^i < 160$	较高	$220 \leqslant RI < 440$	高
$160 \leqslant E_r^i < 320$	高	$RI \geqslant 440$	非常高
$E_r^i \geqslant 320$	非常高	—	—

注：低，大多数水生生物可以忍受；中，沉积物被污染，底栖生物受到影响；

高，底栖生物受到显著影响和干扰；非常高，底栖生物群落健康受到严重影响

7.2.3.1　污染分布和污染强度

滦河 As、Hg、Cr、Cd、Pb、Cu 和 Zn 的污染水平分别为 2.08～12.90mg/kg、0.01～1.39mg/kg、28.70～152.73mg/kg、0.03～0.37mg/kg、8.65～38.29mg/kg、6.47～178.61mg/kg 和 21.09～161.32mg/kg。各采样点重金属浓度如图 7-15 所示，由图 7-15 可知沟台子和郭家屯重金属浓度小于其他点位，韩家营和武烈河下重金属浓度较高，表明城市边缘区域因地表径流和城市废污水排放较多，重金属污染严重。在重金属浓度最高值点位，三道河子 Cr 浓度为 152.73mg/kg，韩家营 Cu 浓度为 178.61mg/kg，武烈河下 Zn 浓度为 161.32mg/kg。说明重金属浓度由上游河段向中游河段逐渐增加，重金属浓度最高点均位于城市区域。

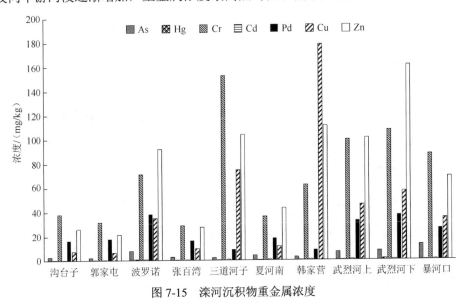

图 7-15　滦河沉积物重金属浓度

与滦河相似，漳卫南河重金属 As、Hg、Cr、Cd、Pb、Cu 和 Zn 浓度水平分别为 3.96～15.28mg/kg、21.00～1135.50mg/kg、56.79～130.18mg/kg、142.82～195 765.83mg/kg、20.96～62.34mg/kg、16.47～148.94mg/kg 和 60.70～1076.25mg/kg。漳卫南河各采样点重金属浓度见表 7-16。由表 7-16 可知，新乡和龙王庙重金属浓度高于其他点位，表明沉积物重金属污染严重的点位，位于城市区域河流干流、径流和城市废污水排放量大的区域；对于白洋淀，重金属 As、Hg、Cr、Cd、Pb、Cu 和 Zn 浓度水平分别为 4.07～24.80mg/kg、0.04～0.06mg/kg、58.00～83.00mg/kg、0.12～0.90mg/kg、20.00～30.00mg/kg、19.00～35.00mg/kg、和 52.00～112.00mg/kg。

表 7-16　典型生态单元沉积物重金属浓度

点位		As	Hg	Cr	Cd	Pb	Cu	Zn
漳卫南河	岳城	10.83	21.00	64.52	142.82	21.65	23.21	60.70
	小南河	8.46	84.00	65.90	370.28	38.93	60.14	114.35
	新乡	7.48	**1 135.50**	121.33	**195 765.83**	40.78	**148.94**	**1 076.25**
	卫辉	11.58	266.00	84.16	27 272.25	31.77	43.03	264.81
	龙王庙	**15.28**	470.50	**130.18**	4 319.43	**62.34**	88.48	574.88
	馆陶	3.96	162.00	56.79	411.90	20.96	16.47	84.56
	泽州	9.82	358.50	64.83	146.27	25.49	26.17	62.13
	辛集闸	12.09	31.00	67.85	188.28	22.45	23.78	71.16
	均值	9.94	316.06	81.90	28 577.13	33.05	53.78	288.61
	标准偏差	3.39	367.53	28.20	68 194.95	14.14	45.36	363.60
	变异系数/%	0.34	1.16	0.34	2.39	0.43	0.84	1.26
白洋淀	王家寨	9.50	0.04	69.00	0.30	25.00	23.00	68.00
	光淀张庄	10.50	0.03	69.00	0.20	25.00	22.00	61.00
	枣林庄	10.30	0.05	64.00	0.12	22.00	20.00	52.00
	郭里口	**24.80**	0.04	59.00	0.13	23.00	21.00	56.00
	端村上	7.90	0.04	58.00	0.12	20.00	19.00	53.00
	大田庄	12.30	0.04	69.00	0.27	24.00	25.00	80.00
	采蒲台	4.70	0.06	64.00	0.12	21.00	20.00	58.00
	圈头	10.80	0.03	84.00	0.26	26.00	29.00	85.00
	大张庄	10.80	0.05	67.00	0.18	22.00	23.00	67.00
	南刘庄	9.30	**0.06**	**83.00**	**0.90**	**30.00**	**35.00**	**112.00**
	均值	11.09	0.04	68.60	0.26	23.80	23.70	69.20
	标准偏差	5.24	0.01	8.78	0.23	2.90	4.92	18.65
	变异系数/%	0.47	0.24	0.13	0.90	0.12	0.21	0.27
河口	河海河口	11.84	**790.50**	**102.63**	**548.47**	**157.82**	**56.42**	**217.98**
	独流减河口	12.35	49.50	84.92	216.01	31.08	36.66	114.87
	子牙新河河口	**15.28**	61.50	88.25	187.25	31.73	34.82	102.92
	漳卫南河河口	12.09	31.00	67.85	188.28	22.45	23.78	71.16
	徒骇河河口	9.82	21.50	61.95	171.10	18.71	19.28	55.28
	均值	12.28	190.80	81.12	262.22	52.36	34.19	112.44
	标准偏差	1.95	335.61	16.37	160.83	59.22	14.42	63.65
	变异系数/%	0.16	1.76	0.20	0.61	1.13	0.42	0.57

　　表 7-16 表明，除 As 外南刘庄 6 种重金属浓度均高于其他点位，端村上和采蒲台重金属浓度均低于其他点位，说明沉积物重金属污染与人为废污水排放和地

表径流冲刷高度相关。南刘庄位于白洋淀出口处，主河道狭窄（Su et al., 2011），滞留了大量淀区居民排放的生活污水，当水面变宽、水流减速时，水体中重金属随沉积物逐渐沉降下来，增加了下游淀区重金属污染的程度。

　　河口区域，重金属 As、Hg、Cr、Cd、Pb、Cu 和 Zn 的浓度水平分别为 9.82～15.28mg/kg、21.50～790.50mg/kg、61.95～102.63mg/kg、171.10～548.47mg/kg、218.71～157.82mg/kg、19.28～56.42mg/kg 和 55.28～217.98mg/kg。如表 7-16 所示，徒骇河口 7 种重金属浓度均低于其他河口，海河河口除 As 外，其余 6 种重金属浓度均高于其他河口。海河河口位于北京南部渤海湾北部的海岸线上，是潮汐型河口，是工业化程度高的区域（杨志峰，2006）。然而，经过 50 年的工业化发展，人为活动严重干扰了这一区域的生态环境，导致栖息地损失、水污染、水质恶化和生物群落改变的生态环境问题。另外，海河河口还位于北京-天津-唐山经济带上，造纸业、电子信息业、石油化工业、金属冶炼业、生物技术产业、制药业、制碱业、食品业和纺织业非常发达，这些工业是海河河口重金属污染的重要源头。

　　典型生态单元 7 种重金属的平均浓度如图 7-16 所示，由典型生态单元各采样点重金属的最大浓度与其他区域水体沉积物重金属浓度的对比结果（表 7-17）可知，海河河口 Hg、Cd 和 Zn 浓度明显高于文献报道的其他区域重要河口的 Hg、Cd 和 Zn 浓度水平。在这些点位中，新乡 Hg、Cd 和 Zn 浓度最高，Cr 浓度高于除墨水湖外的其他水体，Pb 浓度高于除美国 Patroom 水库外的其他水体。与文献报道的其他水体的重金属浓度相比，海河流域河流生态系统 Cu 为低或中度水平。因此，海河流域重金属污染较世界其他国家或地区水体重金属污染水平高，冶炼业、机械加工业和迅速的城市化是水体重金属污染严重的主要原因，水资源短缺更加剧了水环境恶化。

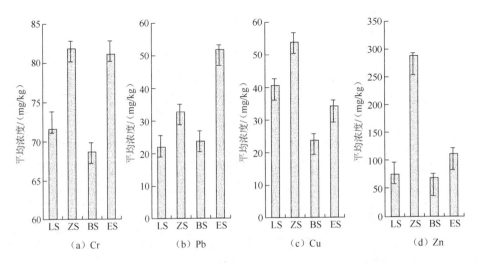

（a）Cr　　　　　　（b）Pb　　　　　　（c）Cu　　　　　　（d）Zn

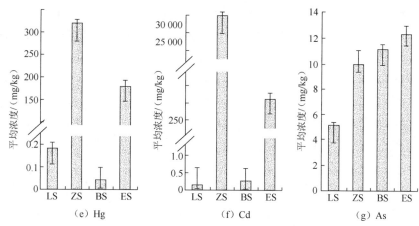

图 7-16　典型生态单元重金属平均浓度

LS 为滦河沉积物；ZS 为漳卫南河沉积物；BS 为白洋淀沉积物；ES 为河口沉积物

表 7-17　本章沉积物重金属最大浓度与其他区域沉积物重金属浓度对比

重金属	A1	B1	B2	B3	C1	C2	C3	C4	C5	C6	C7
As	24.80	—	29.90	—	—	—	—	—	—	—	—
Hg	1 135.50	—	1.43	0.51	6.20	—	—	—	—	—	—
Cr	152.73	1 779	205.00	73.70	—	—	19.13	—	—	23.40	—
Cd	195 765.83	—	3.40	0.33	3.84	25 320.00	8.38	—	2.10	4.30	1.13
Pb	157.82	220.00	98.00	113.00	62.00	3 600.00	75.30	85.00	98.50	189.00	68.40
Cu	178.61	1 249.00	129.90	54.60	6 495.00	—	35.03	280.00	90.10	420.80	48.20
Zn	1 076.25	1 337.00	1 142.00	83.10	439.00	—	101.70	221.00	305.00	708.80	245.20
参考	本章	Dauvalter and Rognerud, 2001	Death et al., 2009	Deng, 1982	Dauvalter and Rognerud, 2001	Petts et al., 1989	Doulgeris et al., 2012	Downs and Brookes, 1994	Dunbar et al., 2010	Elosegi et al., 2010	Fahrig and Merriam, 1985

注：A1 表示本章研究数据；B1 为中国墨水湖；B2 为长江；B3 为淮河；C1 为 Pasvik River，芬诺斯坎迪亚；C2 为美国 Patroom 水库；C3 为印度 Gomti 河；C4 为中国香港维多利亚湾；C5 为意大利 Po 河；C6 为古巴 Almendares 河；C7 为德国 Lahn 河

7.2.3.2　典型生态单元生态风险水平

应用 Hakanson 生态风险指数计算滦河、漳卫南河、白洋淀和河口的重金属生态风险指数（E_r^i）和潜在生态风险指数（RI），其中国家土壤环境背景值根据参考文献（Liu et al., 1997）确定。

如表 7-18 所示，滦河 7 种重金属的生态风险由高到低为 Hg>As>Cr>Cd>Pb>Cu>Zn。武烈河下 RI 值高达 1138.14，生态风险很高；波罗诺 RI 值为 231.11，生态风险高；武烈河上和暴河口 RI>110，处于中等风险。沟台子、郭家屯、张百万、三道河子、夏河南和韩家营处于低风险。在 7 种重金属中,尽管 Hg 浓度低于除武烈河下外的其他点位,但 Hg 的毒性系数最高,Hg 的生态风险也最高。由于干流水量较支流大,水体自净能力也较支流强,滦河支流重金属生态风险高于干流。漳卫南河,7 种重金属的潜在生态风险由高到低为 Cd>Hg>As>Cr>Pb>Cu>Zn。7 种重金属中,由于 Hg 和 Cd 具有最高的毒性系数,其生态风险也最高。漳卫南河所有采样点的生态风险均达到很高水平,新乡潜在生态风险指数 RI 值高达 14 834 993.03,生态风险水平最高。白洋淀 7 种重金属的生态风险由高到低依次为 As>Hg>Cd>Cr>Pb>Cu>Zn。光淀张庄、端村上和采蒲台处于低风险水平,其他点位处于中等风险水平。河口区域 7 种重金属中,Hg 和 Cd 均体现出最高的生态风险。徒骇河河口 7 种重金属生态风险水平低,海河河口除 As 外其他 6 种重金属的生态风险水平高。此外,河口所有采样点重金属的生态风险水平较高,海河河口潜在生态风险指数 RI 高达 632 164.25,生态风险水平最高。

表 7-18　沉积物重金属生态风险指数和潜在生态风险指数

点位		7 种重金属的 E_r^i							RI
		As	Hg	Cr	Cd	Pb	Cu	Zn	
滦河	郭台子	11.35	7.50	7.07	2.14	3.45	0.72	0.38	32.60
	郭家屯	9.04	7.50	5.80	2.14	3.73	0.65	0.31	29.18
	波罗诺	34.30	150.00	13.15	20.71	8.11	3.48	1.35	231.11
	张百万	12.13	15.00	5.32	2.86	3.50	0.96	0.40	40.18
	三道河子	9.78	15.00	28.34	9.29	1.89	7.44	1.54	73.28
	夏河南	17.13	7.50	6.66	5.71	3.89	1.16	0.64	42.69
	韩家营	10.57	15.00	11.51	10.71	1.83	17.86	1.64	69.12
	武烈河上	30.17	52.50	18.51	16.43	6.94	4.58	1.49	130.63
	武烈河下	33.26	**1 042.50**	19.95	26.43	7.93	5.69	2.38	1 138.14
	暴河口	56.09	37.50	16.29	8.57	5.55	3.46	1.02	128.47
	平均	22.38	135.00	13.26	10.50	4.68	4.60	1.12	**191.54**(中等)
漳卫南河	岳城	47.09	15 750.00	11.97	10 201.43	4.59	2.32	0.90	26 018.29
	小南海	36.78	63 000.00	12.23	26 448.57	8.25	6.01	1.69	89 513.53
	新乡	32.52	851 625.00	22.51	13 983 273.57	8.64	14.89	15.90	14 834 993.03
	卫辉	50.35	199 500.00	15.61	1 948 017.86	6.73	4.30	3.91	2 147 598.76
	龙王庙	66.43	352 875.00	24.15	308 530.71	13.21	8.85	8.49	661 526.85
	馆陶	17.22	121 500.00	10.54	29 421.43	4.44	1.65	1.25	150 956.52
	泽州	42.70	268 875.00	12.03	10 447.86	5.40	2.62	0.92	279 386.52
	辛集闸	52.57	23 250.00	12.58	13 448.57	4.76	2.38	1.05	36 771.91
	平均	43.21	237 046.88	15.20	2 041 223.75	7.00	5.38	4.26	**2 278 345.68**(非常高)

点位		7 种重金属的 E_r^i							RI
		As	Hg	Cr	Cd	Pb	Cu	Zn	
白洋淀	王家寨	41.30	30.00	12.80	21.43	5.30	2.30	1.00	114.14
	光淀张庄	45.65	22.50	12.80	14.29	5.30	2.20	0.90	103.64
	枣林庄	44.78	37.50	11.87	8.57	4.66	2.00	0.77	110.16
	郭里口	107.83	30.00	10.95	9.29	4.87	2.10	0.83	165.86
	端村上	34.35	30.00	10.76	8.57	4.24	1.90	0.78	90.60
	大田庄	53.48	30.00	12.80	19.29	5.08	2.50	1.18	124.33
	采蒲台	20.43	45.00	11.87	8.57	4.45	2.00	0.86	93.19
	圈头	46.96	22.50	15.58	18.57	5.51	2.90	1.26	113.28
	大张庄	46.96	37.50	12.43	12.86	4.66	2.30	0.99	117.69
	南刘庄	40.43	45.00	15.40	64.29	6.36	3.50	1.65	176.63
	平均	48.22	33.00	12.73	18.57	5.04	2.37	1.02	**120.95**（中等）
河口	海河口	51.48	592 875.00	19.04	39 176.43	33.44	5.64	3.22	632 164.25
	独流减河河口	53.70	37 125.00	15.76	15 429.29	6.58	3.67	1.70	52 635.68
	子牙新河河口	66.43	46 125.00	16.37	13 375.00	6.72	3.48	1.52	59 594.53
	漳卫南河河口	52.57	23 250.00	12.59	13 448.57	4.76	2.38	1.05	36 771.91
	徒骇河河口	42.70	16 125.00	11.49	12 221.43	3.96	1.93	0.82	28 407.33
	平均	53.37	143 100.00	15.05	18 730.14	11.09	3.42	1.66	161 914.74（非常高）
总平均		39.96	79 198.64	13.84	497 688.83	6.33	3.93	1.93	576 953.46

　　基于潜在生态风险指数值,海河流域典型生态单元沉积物中重金属综合污染水平可划分为两类:一类为包括滦河和白洋淀的低生态风险区域;另一类为包括漳卫南河和河口的高生态风险区域。图 7-17 表明,典型生态单元重金属潜在生态风险水平由高到低为漳卫南河 (2 278 345.68) >河口 (161 914.74) >滦河 (191.54) >白洋淀 (120.95)。海河流域典型生态单元大多点位重金属潜在生态风险水平低,但漳卫南河 Hg 和 Cd 及河口区域重金属潜在生态风险达到很高水平 (100%)。

　　根据潜在生态风险对流域进行分区，不同风险区采取相应的污染控制措施。以白洋淀和滦河为例，7 种重金属的潜在生态风险处于低水平或中等水平，因此，可采取限制工业废水排放的对策，对于漳卫南河和河口这样的高风险区域，应采用先进的污染处理技术和严格限制采矿业尾矿渣随意堆放、控制工业和生活废水超标排放的对策。同时，加大污水处理厂的投资力度，引进新型废污水处理工艺，提高现有污水处理厂运营效率和处理负荷。

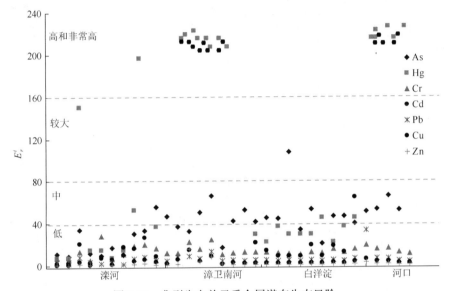

图 7-17　典型生态单元重金属潜在生态风险

　　结果表明，在自然和人为双重压力下，海河流域水环境重金属的潜在生态风险较高。由于目前水质管理大都基于单一或常规指标，对重金属复合污染和多介质迁移转化、归趋考虑不够，对低浓度、高毒性、高潜在生态风险污染物，如重金属、POPs、PPCPs 等考虑不够。应着重研究有机污染物、无机污染物和新型污染物的污染分布特征、复合污染效应，阐明流域水环境污染现状，控制水环境生态风险，提高流域水环境健康水平。

7.2.4　环境流量保障率-生态风险指数响应关系

　　如前所述，水量风险、水生态风险和水质风险是流域生态风险的三个主要构成要素，其对应的权重分别为 0.4409、0.3663 和 0.1928。在水量风险中环境流量保障率是水量风险的主要构成因子，权重为 0.2457，也是流域生态风险的最主要因子。以环境流量保障率表征"三生"用水的比例构成，其中四大水系环境流量保障率依次为滦河及冀东沿海诸河水系（84.59%）、徒骇马颊河水系（60.39%）、海河北系（46.25%）、海河南系（38.57%）。Liu 等（2011）以水量风险、水生态风险和水质风险为风险指数，计算了海河流域四大水系生态风险指数（E_r^i）（图 7-18），其中滦河及冀东沿海诸河水系为 0.2662，海河北系为 0.5032，海河南系为 0.8737，徒骇马颊河水系为 0.3877。

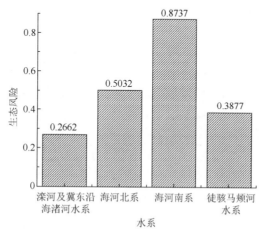

图 7-18　四大水系生态风险

将四大水系环境流量保障率与生态风险指数用 SPSS 软件进行回归分析。环境流量保障率和生态风险指数的二次函数拟合关系最好，相关系数 R^2 为 0.894，则水系尺度下环境流量保障率和生态风险指数的拟合关系式为

$$\text{GEF} = -1.679E_r^{i2} + 1.255E_r^i + 0.640 \tag{7-8}$$

7.2.5　生态风险–环境流量保障率阈值

根据四大水系的生态风险指数分布，以 0.800、0.600、0.400 和 0.200 分别作为高生态风险、较高生态风险、中等生态风险和低生态风险水平的临界值，根据式（7-8）分别计算出四个风险水平相应的环境流量保障率为 56.94%、78.86%、82.38% 和 87.34%，则高生态风险、较高生态风险、中等生态风险和低生态风险水平对应的环境流量保障率阈值区间分别为（0，56.94%）、[56.94%，78.86%）、[78.86%，82.38%）、[82.38%，87.34%）。若以九大水系划分平原河流，则九大水系环境流量保障率分别为滦河及冀东沿海诸河水系 84.59%，北三河水系 35.19%，永定河水系 0，海河干流 31.64%，大清河水系 63.24%，子牙河水系 2.17%，黑龙

港及运东水系 1.66%，漳卫河水系 118.27%，徒骇马颊河水系 44.50%。在高生态风险阈值范围内的水系有北三河水系、永定河水系、海河干流水系、子牙河水系、黑龙港及运东水系和徒骇马颊河水系，环境流量保障率均显著低于 56.94% 的阈值范围，需提高环境流量保障率，降低生态风险水平。

7.3　基于栖息地完整性恢复的环境流量计算

7.3.1　典型河段栖息地完整性恢复环境流量计算

由平原河流栖息地完整性要素分析可知，水文水资源、水环境、物理栖息地和生物结构是影响平原河流栖息地完整性的四项关键要素，其对应的权重分别为 0.3561、0.1438、0.2835 和 0.2166；年均流量偏差、环境流量保障率、生态需水保障率、地表水资源开发利用率、地下水资源开发利用率、水功能区水质达标率、纵向连通性指数、河流水力几何形态指数、水生生物多样性指数和河岸带植被覆盖率是决定平原河流栖息地完整性的 10 项关键指标，其对应的权重分别为 0.1140、0.1482、0.0466、0.0290、0.0183、0.1438、0.1519、0.1316、0.0865 和 0.1301。其中，环境流量保障率、水功能区水质达标率、生态需水保障率、地表水资源开发利用率和地下水资源开发利用率，受人为水资源开发利用活动直接影响，而地表水资源开发利用率和地下水资源开发利用率两项指标决定了环境流量保障率、生态需水保障率和水功能区水质达标率。按照指标权重相对大小排序和指标间的相互关联属性，环境流量保障率（权重为 0.1482）和纵向连通性（权重为 0.1519）是平原河流栖息地完整性的两项关键指标，河流闸坝分布短期内无法改变，故环境流量保障率是栖息地完整性的关键因子。以滏阳河为例，按照 2.4.2.2 节所述公式分别计算滏阳河现状生态风险降低为目标生态风险环境流量、水功能区现状水质达到目标水质要求的环境流量，结合 7.1 节保障河流水力连通完整性环境流量，以式（2-19）计算栖息地完整性恢复的环境流量。

7.3.1.1　生态风险降低环境流量计算

根据 7.1 节结论，滏阳河年环境流量为 0.210 亿 m³，根据 7.2 节结论，高生态风险、较高生态风险、中等生态风险和低生态风险水平对应的环境流量保障率阈值区间分别为(0，56.94%)、[56.94%，78.86%)、[78.86%，82.38%)、[82.38%，

87.34%)，滏阳河现状环境流量保障率为 20.00%，为高生态风险河段，若降低河流生态风险水平，需提高河流环境流量保障率。较高生态风险环境流量保障率阈值区间的最小值为 56.94%，则滏阳河生态风险降低为较高生态风险的环境流量保障率由 20.00%提高至 56.94%，则根据式（2-15）对滏阳河生态风险降低所需环境流量进行计算，滏阳河由高生态风险降低为较高生态风险的环境流量为 0.078 亿 m³。

7.3.1.2　水质达标环境流量计算

滏阳河全长 402km（东武仕水库出口—献县），其中邯郸农业用水区长度115.0km，现状水质劣 V 类，邢台农业用水区长度为 214.0km，现状水质劣 V类。根据《地表水环境质量标准》（GB 3838—2002），IV 类地表水 BOD 浓度限值为 6mg/L，V 类地表水 BOD 浓度限值为 10mg/L，IV 类地表水 DO 浓度限值为 3mg/L，V 类地表水 DO 浓度限值为 2mg/L，水功能区现状劣 V 类水质DO 浓度值取 V 类地表水浓度限值 2mg/L。水温为 20℃，BOD 衰减速度常数取值为 $k_d=0.3d^{-1}$，复氧速度常数 $k_a=0.65d^{-1}$。以艾辛庄水文站作为滏阳河控制性水文站，大断面平均宽度取 8m，平均水深取 0.3m，则根据式（2-18）计算滏阳河邯郸农业用水区和邢台农业用水区 DO 达到恢复目标（4～6mg/L）的流速、流量和环境流量（表 7-19），计算滏阳河全河段 DO 达标的流速为两个水功能区目标流速的均值为 0.90m/s，进而计算得到滏阳河 DO 达到恢复目标（4～6mg/L）环境流量为 0.68 亿 m³。

表 7-19　滏阳河水功能区水质达标环境流量

河段	河段长/km	流速/（m/s）	流量/（m³/s）	DO 恢复到4～6mg/L 环境流量/亿 m³
邯郸农业用水区	115.00	0.96	6.93	0.73
邢台农业用水区	214.00	0.84	5.89	0.64
滏阳河全河段	329.00	0.90	2.16	0.68

7.3.1.3　栖息地完整性恢复环境流量计算

综上所述，结合 7.1 节研究结论，滏阳河水力连通完整性环境流量为 0.21 亿 m³，生态风险由高生态风险水平降低为较高生态风险水平环境流量为 0.078 亿 m³，DO 作为衡量河流化学污染程度的指标，将 DO 达到水质恢复目标（4～6mg/L）

作为河流栖息地水质达标的标志，则滏阳河水质达标环境流量为 0.68 亿 m³。根据栖息地完整性恢复环境流量计算公式［式（2-19）］，考虑生态风险降低环境流量和水质达标环境流量的兼容性，取其最大值 0.68 亿 m³ 作为考虑生态风险降低和水质达标的环境流量，则滏阳河栖息地完整性恢复环境流量为水力连通完整性环境流量、生态风险降低环境流量和水质达标环境流量最大值的和，即 0.89 亿 m³。以艾辛庄水文站为代表测站，2000～2010 年，滏阳河平均水量为 0.12 亿 m³，河流栖息地完整性恢复需补给环境流量为 0.77 亿 m³。

7.3.2　海河流域平原河流栖息地完整性恢复环境流量计算

水资源过渡开发利用导致河道干枯、断流，河流环境流量无法满足是海河流域平原河流栖息地完整性退化的主要原因。根据 7.1 节的结论，海河流域河流生态系统丰水期（6～9 月）、平水期（12 月～次年 3 月）和枯水期（4 月、5 月、11 月）环境流量分别为 29.99 亿 m³、9.51 亿 m³ 和 8.21 亿 m³，河流生态系统年环境流量为 47.71 亿 m³，占多年平均径流量（263.90 亿 m³）的 18.1%。按照 2.3.2.2 节部分所述公式对平原区河流栖息地完整性恢复环境流量进行计算，以 2000～2010 年作为现状年，根据现状年枯水期平均水量（亿 m³）和现状年平均水量（亿 m³），本节提出了海河流域平原河流栖息地完整性恢复环境流量配置方案（表 7-20）。1995～2005 年海河流域水资源开发利用率为 108%（刘德民等，2011），流域实际供水量为 401.20 亿 m³，农业灌溉用水占到流域实际供水量的 63.30%、工业用水占流域实际供水量的 16.20%、生活用水占流域实际供水量的 15.30%，三项合计用水量为 380.30 亿 m³，占流域实际供水量的 94.80%，仅剩余 5.20%即 20.86 亿 m³ 的水量可补给河流环境流量。

表 7-20　平原河栖息地完整性恢复环境流量配置方案

水系	河段	2000~2010年枯水期平均水量/亿 m³	2000~2010年平均水量/亿 m³	水力连通完整性环境流量/亿 m³	环境流量保障率/%	水力连通完整性恢复需补充环境流量/亿 m³	生态风险降低及水质达标环境流量/亿 m³	栖息地完整性环境流量/亿 m³	环境流量保障率/%	栖息地完整性恢复需补充环境流量/亿 m³	生态类型
滦河	滦河	1.271	1.995	2.250	88.667	—	1.986	4.236	30.005	2.241	生态补水型
	陡河	0.031	0.110	0.080	38.125	—	0.380	0.460	8.470	0.350	生态补水型
北三河	蓟运河	0.007	0.020	0.140	5.000	0.120	0.530	0.670	1.045	0.650	生态补水型
	潮白河	0.000	0.000	0.330	0.000	0.330	7.830	8.160	0.000	8.160	生态补水型
	北运河	1.089	3.110	0.100	100.000	—	3.340	3.440	31.642	0.330	强化治污型
永定河	永定河	0.000	0.000	0.350	0.000	0.350	4.330	4.680	0.000	4.680	河道蒸散型
海河干流	海河干流	0.020	0.056	0.700	2.800	0.644	4.920	5.620	0.349	5.564	生态补水型
大清河	白沟河	0.098	0.280	0.160	61.250	—	2.630	2.790	3.513	2.510	河道蒸散型
	南拒马河	0.263	0.750	0.110	100.000	—	1.630	1.740	15.086	0.990	河道蒸散型
	唐河	0.046	0.130	0.210	21.667	0.080	3.100	3.310	1.375	3.180	河道蒸散型
	潴龙河	0.024	0.069	0.370	6.527	0.301	0.370	0.740	3.264	0.671	河道蒸散型
子牙河	滹沱河	0.025	0.071	1.060	2.344	0.989	11.830	12.890	0.193	12.820	生态补水型
	滏阳河	0.042	0.120	0.210	20.000	0.090	0.680	0.890	13.480	0.770	生态补水型
	子牙河	0.123	0.350	2.430	5.041	2.080	13.730	16.160	0.758	15.810	河道蒸散型
黑龙港及运东	南运河	0.245	0.700	2.230	10.987	1.530	12.50	14.730	1.663	14.030	强化治污型
漳卫河	漳河	0.112	0.320	0.180	62.222	—	10.970	11.150	1.004	10.830	强化治污型
	卫河	1.075	3.070	5.410	19.861	2.340	0.760	6.170	17.415	3.100	强化治污型
	卫运河	2.471	7.060	4.660	53.025	—	6.520	11.180	22.102	4.120	强化治污型
	漳卫新河	2.037	5.820	0.690	100.000	—	1.930	2.620	77.748	—	强化治污型
徒骇马颊河	徒骇河	0.133	0.380	0.640	20.781	0.260	0.560	1.200	11.083	0.820	强化治污型
	马颊河	1.964	5.610	0.360	100.000	—	5.430	5.790	33.912	0.180	生态补水型

河段尺度下，21 个平原河段水力连通完整性环境流量、生态风险降低及水质达标环境流量和栖息地完整性恢复环境流量对比如图 7-19 所示，水力连通完整性环境流量为 47.71 亿 m³，生态风险降低及水质达标环境流量为 47.97 亿 m³，2000～2010 年海河流域平原河段平均水量为 30.02 亿 m³，则现状年水力连通完整性环境流量保障率为 62.92%，生态风险降低及水质达标环境流量保障率为 62.58%。21 个平原河段 2000～2010 年平均水量与栖息地完整性恢复环境流量对比如图 7-20 所示，则现状年 21 个平原河段栖息地完整性恢复环境流量保障率分别为 30.01%、8.47%、1.05%、0、3.64%、0、0.35%、3.51%、15.09%、1.38%、3.26%、0.19%、13.48%、0.76%、1.66%、1.00%、17.42%、22.10%、77.75%、11.08%、33.91%。

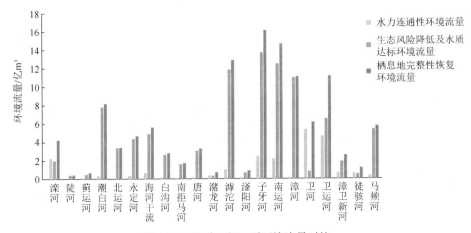

图 7-19　平原河段三项环境流量对比

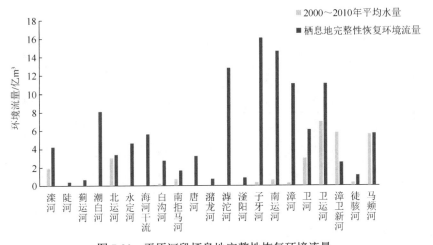

图 7-20　平原河段栖息地完整性恢复环境流量

水系尺度下，九大水系栖息地完整性恢复的环境流量分别为滦河及冀东沿海诸河水系 3.32 亿 m^3，北三河水系 12.27 亿 m^3，永定河水系 4.68 亿 m^3，海河干流 5.62 亿 m^3，大清河水系 8.58 亿 m^3，子牙河水系 32.51 亿 m^3，黑龙港及运东水系 14.73 亿 m^3，漳卫河水系 31.12 亿 m^3，徒骇马颊河水系 6.99 亿 m^3，九大水系栖息地完整性恢复环境流量为 95.68 亿 m^3。根据 2000～2010 年海河流域平原河段平均水量（表 7-20），九大水系栖息地完整性恢复环境流量保障率分别为 44.83%、25.51%、0、1.00%、14.32%、1.81%、4.75%、52.28%、85.69%。若流域内河流环境流量实际补给量为 20.86 亿 m^3，则栖息地完整性恢复需配置环境流量为 74.82 亿 m^3。

海河流域平原河流 1970～1979 年平均水量为 149.00 亿 m^3，1980～1989 年平均水量锐减为 51.00 亿 m^3，1990～1999 年平均水量上升到 77.00 亿 m^3，2000～2005 年又下降至 31.00 亿 m^3（户作亮，2010）（图 7-21）。将平原河流栖息地完整性恢复环境流量与平原河流不同历史期水量对比可知，平原河流栖息地完整性恢复环境流量为 95.68 亿 m^3，相当于平原河流 20 世纪 70 年代末期平均水量。

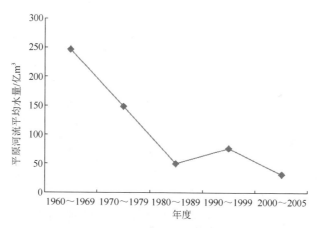

图 7-21　不同时期平原河流水量变化

7.3.3　九大水系栖息地完整性恢复环境流量配置

以 2000～2010 年作为现状年，根据现状年枯水期平均水量（亿 m^3）和现状年平均水量（亿 m^3）以及表 7-20 列出的平原河流栖息地完整性恢复环境流量配置方案，21 个平原河段栖息地完整性恢复环境流量配置方案如图 7-22 所示。平原河段栖息地完整性恢复需配置环境流量分别为 2.24 亿 m^3、0.35 亿 m^3、8.16 亿 m^3、0.33 亿 m^3、4.68 亿 m^3、5.56 亿 m^3、2.51 亿 m^3、0.99 亿 m^3、3.18 亿 m^3、0.67 亿 m^3、12.82 亿 m^3、1.34 亿 m^3、15.81 亿 m^3、14.03 亿 m^3、10.83 亿 m^3、3.10 亿 m^3、

4.12 亿 m³、0、0.82 亿 m³、0.18 亿 m³。九大水系水力连通完整性恢复和栖息地完整性恢复需要配置的环境流量分别如下：滦河及冀东沿海诸河水系 0、2.59 亿 m³；北三河水系 0.45 亿 m³、9.14 亿 m³；永定河水系 0.35 亿 m³、4.68 亿 m³；海河干流 0.64 亿 m³、5.56 亿 m³；大清河水系 0.38 亿 m³、7.35 亿 m³；子牙河水系 3.16 亿 m³、29.40 亿 m³；黑龙港及运东水系 1.53 亿 m³、14.03 亿 m³；漳卫河水系 2.34 亿 m³、18.05 亿 m³；徒骇马颊河水系 0.26 亿 m³、1.00 亿 m³（图 7-23）。

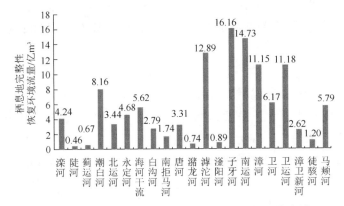

图 7-22　平原河段栖息地完整性恢复需配置环境流量

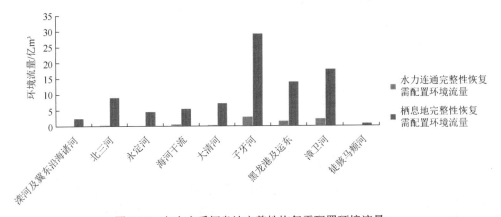

图 7-23　九大水系栖息地完整性恢复需配置环境流量

　　河流栖息地完整性恢复环境流量计算需综合考虑水力连通完整性环境流量、生态风险降低环境流量和水质达标环境流量三个部分。生态风险降低环境流量与水质达标环境流量具有兼容性，取两者最大值作为河流生态风险降低和水质达标所需环境流量，与河流水力连通完整性环境流量累加求和即为河流栖息地完整性恢复所需环境流量。

九大水系栖息地完整性恢复环境流量为 95.68 亿 m³，其中，滦河及冀东沿海诸河水系 3.32 亿 m³；北三河水系 12.27 亿 m³；永定河水系 4.68 亿 m³；海河干流 5.62 亿 m³；大清河水系 8.58 亿 m³；子牙河水系 32.51 亿 m³；黑龙港及运东水系 14.73 亿 m³；漳卫河水系 31.12 亿 m³；徒骇马颊河水系 6.99 亿 m³。

九大水系栖息地完整性恢复环境流量为 95.68 亿 m³。其中，滦河及冀东沿海诸河水系 3.32 亿 m³；北三河水系 12.27 亿 m³；永定河水系 4.68 亿 m³；海河干流 5.62 亿 m³；大清河水系 8.58 亿 m³；子牙河水系 32.51 亿 m³；黑龙港及运东水系 14.73 亿 m³；漳卫河水系 31.12 亿 m³；徒骇马颊河水系 6.99 亿 m³。

九大水系水力连通完整性恢复和栖息地完整性恢复需要配置的环境流量分别如下：滦河及冀东沿海诸河水系 0、2.59 亿 m³；北三河水系 0.45 亿 m³、9.14 亿 m³；永定河水系 0.35 亿 m³、4.68 亿 m³；海河干流 0.64 亿 m³、5.56 亿 m³；大清河水系 0.38 亿 m³、7.35 亿 m³；子牙河水系 3.16 亿 m³、29.40 亿 m³；黑龙港及运东水系 1.53 亿 m³、14.03 亿 m³；漳卫河水系 2.34 亿 m³、18.05 亿 m³；徒骇马颊河水系 0.26 亿 m³、1.00 亿 m³。

7.4 不同情景下栖息地完整性恢复环境流量保障

本节根据流域水资源开发利用现状和水资源供给及需求要素分析，结合《海河流域综合规划》的水资源配置方案，以南水北调中期（2020 年）、远期（2030 年）实施以及这两个水平年非常规水源利用和引黄为情景，并以 2007 年为基准年，结合 7.2 节中平原河流栖息地完整性恢复环境流量计算结果，分析河流栖息地完整性恢复环境流量保障率，为河流栖息地完整性恢复中远期目标的制定和相应的环境流量配置方案的制订提供科学依据。由于南水北调来水原则上不直接用于农业生产和灌溉，且考虑到未来农业灌溉节水措施的应用，农业灌溉用水呈下降趋势，本章不同情景下的环境流量配置方案未考虑农业生产和灌溉要素。

7.4.1 南水北调中远期实施的环境流量保障率

考虑南水北调中期（2020 年）实施海河流域的受水情景，流域受水量为 81.20 亿 m³，若全部用来补给增加的工业生产和生活用水量，扣除生活用水增加量 14.30 亿 m³、工业用水增加量 27.40 亿 m³，则可替换 39.50 亿 m³ 用来补给河流环境流量，加上原有环境流量 20.86 亿 m³，共有 60.36 亿 m³ 的水量可补给河流环境流量。则南水北调中期实施后海河流域平原河流栖息地完整性恢复环境流量保障率为 63.09%。考虑南水北调远期（2030 年）实施海河流域的受水情景，流域受水量为 115.10 亿 m³，若全部用来补给增加的工业生产和生活用水量，扣除生活用水增加量 23.40 亿 m³、工业用水增加量 33.90 亿 m³，则可替换 57.80 亿 m³ 用来补给河流环境流量，加上原有环境流量 20.86 亿 m³，共有 78.66 亿 m³ 的水量可补给河流环境流量。则南水北调远期实施后海河流域平原河流栖息地完整性恢复环境流量保障率为 82.21%（表 7-21）。

表 7-21　南水北调中远期实施的环境流量保障率

水平年	情景	流域受水量/亿 m³		生活用水增加量/亿 m³	工业用水增加量/亿 m³	入海水量/亿 m³	环境流量保障率/%
		中线	东线				
2010	—	—	—	3.58	35.00	35.00	11.45
2020	南水北调中期实施	62.20	19.00	14.30	64.00	64.00	63.09
2030	南水北调远期实施	83.80	31.30	23.40	68.00	68.00	82.21

7.4.2　非常规水源利用的环境流量保障率

目前，在现有的技术、经济条件下，海河流域非常规水源利用形式为生活污水、工业污水二级处理排水回用、微咸水利用及少量海水淡化。考虑到经济发展和技术可行性，海河流域非常规水源利用量 2020 年为 35.10 亿 m³，2030 年为 41.00 亿 m³（曹寅白等，2014）。2020 年非常规水源利用量增量 25.32 亿 m³，仅能补给部分工业用水增加量，无盈余补给河流环境流量。2030 年非常规水源利用增加量 41.00 亿 m³，完全补给工业用水增加量 33.90 亿 m³ 后，另有 7.10 亿 m³ 可补给部分生活用水增加量，无盈余补给河流环境流量（表 7-22）。

表 7-22　非常规水源利用的环境流量保障率

水平年	情景	水量/亿 m³	生活用水增加量/亿 m³	工业用水增加量/亿 m³	环境流量保障率/%
2010	非常规水源利用	9.82	3.58	6.32	21.72
2020	非常规水源利用	35.10	14.30	27.40	—
2030	非常规水源利用	41.00	23.40	33.90	—

7.4.3　引黄河水补给的环境流量保障率

海河流域现状（2010 年）引黄水量 46.40 亿 m³，主要为引黄济淀（白洋淀）补水和引黄济津（天津）调水，海河流域现状引黄水量 2020 年为 47.00 亿 m³，2030 年为 51.20 亿 m³（曹寅白等，2014）。2020 年扣除生活用水增加量和工业用水增加量后，引黄水量盈余 5.30 亿 m³，加上河流原有环境流量 20.86 亿 m³，共有 26.16 亿 m³ 水量用来补给河流环境流量，则环境流量保障率为 27.34%；2030 年引黄水量为 51.20 亿 m³，尚需 6.10 亿 m³ 水量才可满足生活用水和工业用水增加量，这部分水量由河流原有环境流量 20.86 亿 m³ 提供，则 2030 年引黄水量无明显增加，而生活用水和工业用水量显著增加后，河流环境流量保障率有所下降，为 15.43%（表 7-23）。

表 7-23　引黄补给的环境流量保障率

水平年	情景	水量/亿 m³	生活用水增加量/亿 m³	工业用水增加量/亿 m³	环境流量保障率/%
2010	引黄河水	46.40	3.58	6.32	21.80
2020	引黄河水	47.00	14.30	27.40	27.34
2030	引黄河水	51.20	23.40	33.90	15.43

7.4.4　南水北调实施、非常规水源利用和引黄的环境流量保障率

若同时考虑南水北调中远期实施和非常规水源利用海河流域的受水情景，以及 2020 年和 2030 年两个水平年生活用水、工业用水增加的情景，流域河流栖息地完整性恢复环境流量保障率如下：2020 年南水北调中期实施海河流域受水量为 81.20 亿 m³，非常规水源利用增量为 25.32 亿 m³，若全部用来补给增加的工业生产和生活用水量，扣除生活用水增加量 14.30 亿 m³、工业用水增加量 27.40 亿 m³，则可替换 64.82 亿 m³ 用来补给河流环境流量，加上原有环境流量 20.86 亿 m³，共有 85.68 亿 m³ 的水量可补给河流环境流量，则海河流域平原河流栖息地完整性恢复环境流量保障率为 89.55%。2030 年南水北调远期实施海河流域受水量为 115.10 亿 m³，非常规水源利用增量为 41.00 亿 m³，若全部用来补给增加的工业生产和生活用水量，扣除生活用水增加量 23.40 亿 m³、工业用水增加量 33.90 亿 m³，则可替换 98.80 亿 m³ 用来补给河流环境流量，加上原有环境流量 20.86 亿 m³，共有 119.66 亿 m³ 的水量可补给河流环境流量，则南水北调远期实施和非常规水源利用水量增加可保障海河流域平原河流栖息地完整性恢复环境流量。若同时考虑南水北调实施、非常规水源利用和引黄补给，扣除生活用水增量和工业用水增量后，还需考虑入海水量增加的情景。若 2010 年、2020 年和 2030 年海河流域平原河流的入海水量分别为 35.00 亿 m³、64.00 亿 m³ 和 68.00 亿 m³，则 2020 年考虑南水北调中期实施、非常规水源利用和引黄来水情景下的河流环境流量保障率为 60.20%，2030 年考虑南水北调中期实施、非常规水源利用和引黄来水情景下的环境流量保障率为 85.70%（表 7-24）。

表 7-24　南水北调、非常水源利用和引黄的环境流量保障率

水平年	情景	流域受水量/亿 m³		非常规水源利用	引黄	生活用水增加量/亿 m³	工业用水增加量/亿 m³	入海水量/亿 m³	环境流量保障率/%	生态风险水平
		中线	东线							
2010	非常规水源利用、引黄	—	—	9.82	46.40	3.58	6.32	35.00	43.98	高
2020	南水北调中期实施、非常规水源利用、引黄	62.20	19.00	35.10	47.00	14.30	27.40	64.00	60.20	较高
2030	南水北调远期实施、非常规水源利用、引黄	83.80	31.30	41.00	51.20	23.40	33.90	68.00	85.70	低

7.5　小　　结

本章构建了海河流域平原河流水力连通完整性环境流量优化计算模型，计算并得出了不同时空尺度下的河流环境流量，基于环境流量优化计算模型计算并得出了典型河段栖息地完整性恢复的环境流量，还提出了海河流域平原河流栖息地完整性恢复的环境流量配置方案。主要结论如下：

（1）海河流域河流生态系统年环境流量为 47.71 亿 m³，丰水期（6～9 月），平水期（12 月～次年 3 月）和枯水期（4 月、5 月、11 月）河流生态系统环境流量分别为 29.99 亿 m³、9.51 亿 m³ 和 8.21 亿 m³。河道子系统、湿地子系统和河口子系统年环境流量分别为 22.67 亿 m³、15.32 亿 m³ 和 9.72 亿 m³。河段月环境流量在 8 月达到最大，为 5.49 亿 m³，在 2 月最小，为 1.19 亿 m³；湿地月环境流量在 6～8 月达到最大，为 9.40 亿 m³，在 12 月及 1 月最小，为 4.27 亿 m³；河口月环境流量在 8 月达到最大，为 2.05 亿 m³，2 月达到最小，为 0.004 亿 m³。由于海河流域水资源严重短缺，流域内生产和生活用水大量挤占生态用水，提高流域生产和生活用水效率，需要对退化河流进行环境流量补给，尤其要在枯水期对生态补水型河段进行环境流量补给。

（2）按照生态类型划分，生态补水型河段、强化治污型河段和河道蒸散型河段对应的年环境流量分别为 11.40 亿 m³、11.38 亿 m³ 和 1.54 亿 m³；分别占流域年平均径流量（263.90 亿 m³）的 4.320%、4.312% 和 0.584%。

（3）九大水系栖息地完整性恢复环境流量为 95.68 亿 m³。其中，滦河及冀东沿海诸河水系 3.32 亿 m³；北三河水系 12.27 亿 m³；永定河水系 4.68 亿 m³；海河干流 5.62 亿 m³；大清河水系 8.58 亿 m³；子牙河水系 32.51 亿 m³；黑龙港及运东

水系 14.73 亿 m³；漳卫河水系 31.12 亿 m³；徒骇马颊河水系 6.99 亿 m³。

（4）九大水系水力连通完整性恢复和栖息地完整性恢复需要配置的环境流量分别如下：滦河水系 0、2.59 亿 m³；北三河水系 0.45 亿 m³、9.14 亿 m³；永定河水系 0.35 亿 m³、4.68 亿 m³；海河干流 0.64 亿 m³、5.56 亿 m³；大清河水系 0.38 亿 m³、7.35 亿 m³；子牙河水系 3.16 亿 m³、29.40 亿 m³；黑龙港及运东水系 1.53 亿 m³、14.03 亿 m³；漳卫河水系 2.34 亿 m³、18.05 亿 m³；徒骇马颊河水系 0.26 亿 m³、1.00 亿 m³。

（5）以 2020 年和 2030 年为水平年，以南水北调中远期实施、非常规水源利用、引黄补给和兼顾这三种来水情况为情景的平原河流栖息地完整性恢复环境流量保障率分别如下：2020 年，63.09%、0、27.34%和 60.20%；2030 年，82.21%、0、15.43%和 85.70%。以南水北调中、远期实施、非常规水源利用、引黄补给为情景，2020 年栖息地完整性恢复环境流量保障率为 60.20%，流域处于较高生态风险水平；2030 年栖息地完整性恢复环境流量保障率为 85.70%，流域处于低生态风险水平。

河流栖息地完整性恢复需要综合考虑水系、河段、子生态系统的生态风险分异，流域尺度下，以四大水系为生态风险控制单元，栖息地完整性恢复优先次序为海河南系>海河北系>徒骇马颊河水系>滦河及冀东沿海诸河水系；河段尺度下，子生态系统栖息地完整性恢复的优先次序为河段>河口>湿地。

第8章　结论与展望

8.1　结　　论

1. 海河流域栖息地完整性评价与环境流量计算

构建海河流域湿地栖息地完整性评价指标体系，针对不同生态单元与生态风险水平，计算环境流量。

（1）栖息地完整性由水文要素、水环境要素、物理栖息地要素和生物结构 4 项要素 10 项指标构成，栖息地完整性的关键因子是湿地的纵向连通性。滦河水系完整性较好，大清河水系栖息地完整性中等，城市水系栖息地完整性较差。

（2）基于生态风险水平和河流的生态类型，不同尺度下栖息地完整性恢复的等级和优先次序为海河南系>海河北系>徒骇马颊河水系>滦河及冀东沿海诸河水系；河段尺度下，生态补水型河段>强化治污型河段>河道蒸散型河段；子生态系统尺度下，河段>河口>湖泊。

（3）以水力连通完整性为目标计算的海河流域平原河流年环境流量为 47.71 亿 m³，以生态风险降低和栖息地完整性恢复为目标的海河流域平原河流年环境流量为 95.68 亿 m³。

2. 海河流域沉积物粒径与栖息地完整性

海河流域沉积物粒径分布规律在不同水系空间的变化具有明显差异性，水库闸坝等人为干扰明显，可以作为评估栖息地物理完整性的重要指标。

（1）海河流域内，分别对漳卫河水系、子牙河水系、大清河水系、北三河水系、滦河水系等 5 个水系的山区与平原沉积物粒度参数进行比较分析，滦河水系山区与平原平均粒径差异不明显，而其他 4 个水系山区部分沉积物平均粒径要显著大于平原部分。

海河流域砂级及以下沉积物平均粒径变化范围为 19.27～922.8μm，相应的粒度分级跨度从中粉砂到粗砂。按各采样点平均粒径均值排序，粒度大小相对趋势是大清河＞永定河＞滦河＞漳卫河＞子牙河＞北三河＞黑龙港及运东＞徒骇马颊河。

（2）海河流域沉积物黏土组分含量范围为 0～8.55%，粉砂与砂是优势组分。第一类的大清河、永定河与滦河 3 个水系 4 种沉积物均匀分布；第二类漳卫河、子牙河与北三河 3 个水系沉积物主要为粉砂质砂、砂质粉砂和粉砂；第三类水系徒骇马颊河与黑龙港及运东沉积物主要为砂质粉砂和粉砂。

（3）海河流域内，分别对漳卫河水系、子牙河水系、大清河水系、北三河水系和滦河水系 5 个水系的山区与平原沉积物粒度参数进行比较分析，滦河水系山区与平原平均粒径差异不明显，而其他 4 个水系山区部分沉积物平均粒径要显著大于平原部分。除滦河水系外，由山区到平原，水系沉积物中 1～3 峰比例减小，而 4、5 峰比例增大，滦河水系的变化趋势相反。不同纬度水系之间粒度参数存在显著差异。

（4）滦河主要支流沉积物平均粒径分布规律是上游及下游支流最大，中游地区支流最小。对上游支流上庙宫水库、中下游潘家口与大黑汀水库、下游支流桃林口水库坝上、坝下沉积物粒径比较分析，水库对下游河道沉积物有粗化作用，且水库规模越大，差别越显著。滦河水系沉积物特殊的粒度空间分布规律是由人为因素造成的。

3. 城市河流沉积物粒径与生态风险评价

城市河段沉积物不同粒径与重金属不同形态下潜在生态风险表明，空间差异显著，平原城市河段仍是栖息地完整性恢复的关键节点。

（1）沉积物中砂和粉砂含量超过 95%，是主要成分，上游、中游、下游平均粒径分别为 351.44μm、149.74μm 和 57.17μm 颗粒沿河流流向总体呈现出细化的趋势。经过闸坝沉积物平均粒径降低 47%，闸坝对凉水河水沉积物有细化作用。

（2）凉水河沉积物中，重金属形态含量分布特征为残渣态≫可氧化态＞弱酸提取态＞可还原态。非稳定形态中含量最多的为可氧化态，相对风险为中或低生态风险程度，高于其他非稳定态。在城市河段，重金属 Cd、As、Zn 和 Pb 的含量高于城郊河段。在城郊河段，Cr、Cu 的含量高于城市河段。

（3）各重金属元素的潜在风险大小顺序是 Cd＞As＞Cu＞Cr＞Zn。Cd 的风险指数 E_r^i 最大，达到 309.103，最小为 225.46，处于高风险程度，Zn 最小，范围为 0.25～0.61，处于低生态风险水平。凉水河上游、中游、下游综合生态风险指数 RI 分别为 425.31、421.11 和 311.75，均处于较高生态风险，且下游生态风险低于上游、中游。

（4）在凉水河上游及中游 Cd 的 EF 指数达到了 1.65 和 1.59，高于 1.5，存在人为输入。Cd 与 As 之间正相关显著（$r=0.897$，$p<0.05$），这说明存在重金属混合污染源。

（5）粒径＞0.2mm 时，各重金属元素与粒径相关性弱；而在＜0.2mm 时，两者间相关性增强，且多为负相关，主要由于粒径越大比表面积越小，结合能力弱。但粒径＜0.065mm 时，Cd（Ⅲ）与 As（Ⅱ）显著正相关（$p<0.05$）。

4. 湖泊生态单元生态风险与栖息地完整性

整体分析各个生境沉积物中重金属的单项污染系数 C_f^i、多项污染系数 C_d、单项潜在生态风险指数 E_r^i 和潜在生态风险指数 RI，湖泊湿地底栖动物的结构指标与重金属生态风险的相关性较显著，综合反映出白洋淀湖泊生态系统在受较高人为干扰下，重金属呈现出不同于自然状态的分布规律，极大地影响了栖息地的完整型和潜在的生态风险水平。

（1）在重金属生态风险较高的区域，耐污种（主要为摇蚊幼虫）作为优势种群大量存在，而清洁种不适合生存，造成底栖动物群落种群数量的减少，群落损失指数增加。生物完整性评价中应该在群落水平上开展，并进行群落结构与功能指标的筛选。

（2）通过相关性分析，在筛选的湖泊底栖动物群落群落结构和功能指标中，结构指标与重金属生态风险的相关性较显著，双刺目种群数（NDT）、群落损失度（CLI）和群落相似度（CSI）指标的相关性最显著，可以运用底栖动物监测湖泊湿地重金属的生态风险水平，底栖生物的群落结构可作为湖泊沉积物潜在生态风险和栖息地完整性的重要指标。

（3）重金属浓度的季节分布规律为 4～8 月逐渐增加，而 8～11 月逐渐降低。As 在 3 种生境中的平均浓度在 4 月分别为 10.79mg/kg（标准偏差=2.13）、9.40mg/kg（标准偏差=1.45）、8.50mg/kg（标准偏差=3.27）；在 8 月分别为 20.79mg/kg（标准偏差=2.60）、17.73mg/kg（标准偏差=1.85）、15.77mg/kg（标准偏差=4.68）；在 11 月分别为 10.67mg/kg（标准偏差=1.65）、9.03mg/kg（标准偏差=1.50）、7.97mg/kg（标准偏差=3.00）。其他重金属的时空分布与 As 相似。所有的重金属显示出显著相关性（$r=0.559\sim0.967$），表明这些重金属具有相似来源。

5. 环境流量保障方案的优化配置

降低生态风险的技术保障包括环境流量保障、水环境改善和湿地生态修复。

实现多目标优化才能最终实现海河流域的栖息地完整性恢复，降低流域湿地生态风险水平。

（1）栖息地完整性恢复环境流量为 95.68 亿 m^3。其中，滦河水系 3.32 亿 m^3；北三河水系 12.27 亿 m^3；永定河水系 4.68 亿 m^3；海河干流水系 5.62 亿 m^3；大清河水系 8.58 亿 m^3；子牙河水系 32.51 亿 m^3；黑龙港及运东水系 14.73 亿 m^3；漳卫河水系 31.12 亿 m^3；徒骇马颊河水系 6.99 亿 m^3。

（2）水力连通完整性恢复和栖息地完整性恢复需要配置的环境流量分别如下：滦河水系 0，2.59 亿 m^3；北三河水系 0.45 亿 m^3，9.14 亿 m^3；永定河水系 0.35 亿 m^3，4.68 亿 m^3；海河干流 0.64 亿 m^3，5.56 亿 m^3；大清河水系 0.38 亿 m^3，7.35 亿 m^3；子牙河水系 3.16 亿 m^3，29.40 亿 m^3；黑龙港及运东水系 1.53 亿 m^3，14.03 亿 m^3；漳卫河水系 2.34 亿 m^3，18.05 亿 m^3；徒骇马颊河水系 0.26 亿 m^3，1.00 亿 m^3。

（3）不同情景下，提高环境流量保障率，以降低生态风险水平。以南水北调中、远期实施、非常规水源利用、引黄补给为情景，2020 年栖息地完整性恢复环境流量保障率为 60.2%，流域处于较高生态风险水平；2030 年栖息地完整性恢复环境流量保障率为 85.7%，流域处于低生态风险水平。

8.2 展　　望

1. 科学问题分析

（1）环境流量-生态指标的响应关系。本书仅对典型河段浮游动物群落多样性进行了调查和分析，未涉及底栖生物和浮游植物，应加强平原河流生态监测数据库的建设，特别是底栖生物群落。通过生态指标时空变化来反映生物栖境质量，并确定不同时期生物栖境适宜的环境流量，是平原河流栖息地完整性生物结构要素恢复的关键。

（2）粒度分布与沉积物中重金属、多环芳烃等污染物联合分析。不同粒度沉积物颗粒与污染物共同形成的微环境对其中附着藻类、原生动物及微生物群落结构会有影响，并通过食物网进行传递，这一生态过程和环境影响机制有待进一步研究。

（3）定量化分析不同类型栖息地的水文生态关系。分析特定水深、流速、基质、覆盖类型、底部剪切力等环境要素对微生物、水生植物、大型底栖动物、鱼类和鸟类群落的影响。

2. 展望

（1）缺乏不同监测部门的数据共享与系统分析，亟待开展流域尺度下湿地栖息地完整性数据库构建与大数据深度分析，探明湿地栖息地退化机制和关键影响因子变化规律。

（2）由于对结构与功能之间的关系缺乏定量的描述，栖息地生态恢复研究应从关注结构与功能指标转向生态过程的研究，从静态评估转向动态预警及预测。

（3）湿地生态系统长时间系列生态环境监测薄弱，亟待开展湿地栖息地完整性的系统监测和定位研究，以保护与恢复湿地栖息地多样性和生物多样性，从而增强湿地栖息地的生态完整性和生态系统服务功能。

参 考 文 献

曹寅白,甘泓,汪林. 2014. 海河流域水循环多维临界整体调控阈值与模式研究[M]. 北京:科学出版社,2014.

陈敏建,丰华丽,王立群,等. 2007. 适宜生态流量计算方法研究[J]. 水科学进展,18(5):745-750.

董哲仁,孙东亚,赵进勇,等. 2010. 河流生态系统结构功能整体性概念模型[J]. 水科学进展,21(4):550-559.

段学花. 2009. 河流水沙对底栖动物的生态影响研究[D]. 北京:清华大学.

冯素萍,鞠莉,沈永,等. 2006. 沉积物中重金属形态分析方法研究进展[J]. 化学分析计量,15(4):72-74.

户作亮. 2010. 海河流域平原河流生态保护与修复模式研究[M]. 北京:中国水利水电出版社.

黄宝荣,欧阳志云,郑华,等. 2006. 生态系统完整性内涵及评价方法研究综述[J]. 应用生态学报,17(11):2196-2202.

蒋红霞,黄晓荣,李文华. 2012. 基于物理栖息地模拟的减水河段鱼类生态需水量研究[J]. 水力发电学报,31(5):141-147.

雷凯,卢新卫,王利军,等. 2008. 渭河西安段表层沉积物重金属元素分布及潜在生态风险评价[J]. 地质科技情报,27(3):83-87.

黎明. 1997. 洞庭湖城陵矶水道水力几何形态的研究[J]. 湖泊科学,2:112-116.

李东海,封晨辉,高守忠,等. 2009. 邢台市水资源现状与可持续利用对策[J]. 南水北调与水利科技,2:53-54.

李凤清,蔡庆华,傅小城,等. 2008. 溪流大型底栖动物栖息地适合度模型的构建与河道内环境流量研究——以三峡库区香溪河为例[J]. 自然科学进展,18(12):1417-1424.

李丽娟,郑红星. 2003. 海滦河流域河流系统生态环境需水量计算[J]. 海河水利,55(1):495-500.

李亚伟,卫东山,董青,等. 皂市水利枢纽下游河道生态基流量研究[J]. 南水北调与水利科技,2010,8(1):104-106.

林承坤,黎孔刚. 1995. 从河床特性与演变角度评长江中下游张家洲浅水航道的开发与整治[J]. 中国航海,1:19-30.

刘德民,罗先武,许洪元. 2011. 海河流域水资源利用与管理探析[J]. 中国农村水利水电,1:4-8.

刘静玲. 2012. 海河流域水环境变化规律及风险评价[M]. 北京:科学出版社.

刘静玲. 2014. 海河流域水环境演变机制与水污染防控技术[M]. 北京:科学出版社.

刘志杰,李培英,张晓龙,等. 2012. 黄河三角洲滨海湿地表层沉积物重金属区域分布及生态风险评价[J]. 环境科学,33(4):1182-1188.

龙笛,张思聪. 2006. 滦河流域生态系统健康评价研究[J]. 中国水土保持,2006,(3):14-16.

鲁如坤. 2000. 土壤农业化学分析方法[M]. 北京:中国农业科技出版社.

罗向欣. 2013. 长江中下游、河口及邻近海域底床沉积物粒径的时空变化[D]. 上海:华东师范大学.

牛红义,吴群河,陈新庚,等. 2007. 珠江(广州河段)表层沉积物粒度分布特征[J]. 生态环境学报,16(5):1353-1357.

彭文启. 2012. 《全国重要江河湖泊水功能区划》的重大意义[J]. 中国水利,7:34-37.

任鸿遵，李林. 2000. 华北平原水资源供需状况诊断[J]. 地理研究，19(3)：316-323.

任宪韶，户作亮，曹寅白. 2008. 海河流域水利手册[M]. 北京：中国水利水电出版社.

沈敏，于红霞，陈校辉. 2006. 长江江苏段沉积物中重金属与底栖动物调查及生态风险评价[J]. 农业环境
　　科学学报，25(6)：1616-1619.

沈珍瑶，谢彤芳. 1997. 一种改进的灰关联分析方法及其在水环境质量评价中的应用[J]. 水文，1997(3)：
　　13-15.

石秋池. 2002. 关于水功能区划[J]. 水资源保护，3：58-59.

石维，侯思琰，崔文彦，等. 2010. 基于河流生态类型划分的海河流域平原河流生态需水量计算[J]. 农业
　　环境科学学报，29(10)：1892-1899.

水利部. 2012. 全国重要江河湖泊水功能区划. (2012-02-07)[2013-05-01]. http://www.mwr.gov.cn/ztpd/2012ztbd/
　　qgzylhhpsgnqh/neirong/201202/t20120207_313512.html.

水利部海河水利委员会. 2009. 海河流域2009年水资源公报. (2009-04-01)[2013-05-01]. http://www.hwcc.gov.cn/
　　hwcc/static/szygb/gongbao2009/main1.htm.

宋刚福，沈冰. 2012. 基于水功能区划的河流生态环境需水量计算研究[J]. 西安理工大学学报，28(1)：49-55.

王浩，杨贵羽. 2010. 二元水循环条件下水资源管理理念的初步探索[J]. 自然杂志，32(3)：130-133.

王金霞，黄季焜. 2004. 滦阳河流域的水资源问题[J]. 自然资源学报，19(4)：424-429.

王强，袁兴中，刘红. 2011. 西南山地源头溪流附石性水生昆虫群落特征及多样性——以重庆鱼肚河为例
　　[J]. 水生生物学报，35(5)：887-892.

吴阿娜. 2005. 河流健康状况评价及其在河流管理中的应用[D]. 上海：华东师范大学.

吴丽英. 2010. 邢台市水资源供需平衡问题分析及对策研究[J]. 地下水，32(2)：123-124.

吴攀碧，解启来，卜艳蕊，等. 2010. 扎龙湿地湖泊表层沉积物重金属污染评价[J]. 华南农业大学学报，
　　31(3)：24-27.

夏霆，朱伟，姜谋余，等. 2007. 城市河流栖息地评价方法与应用[J]. 环境科学学报，27(12)：2095-2104.

熊文，黄思平，杨轩. 2010. 河流生态系统健康评价关键指标研究[J]. 人民长江，41(12)：7-12.

徐向广. 2004. 滦河中下游水库群联合防洪调度问题的研究[D]. 天津：天津大学.

杨涛，李怀恩，张亚平，等. 2007. 渭河宝鸡市区段河道生态基流量初步研究[J]. 水资源与水工程学报，
　　18(5)：17-22.

杨志峰. 2006. 流域生态需水规律[M]. 北京：科学出版社.

杨志峰. 2012. 湿地生态需水机理、模型和配置[M]. 北京：科学出版社.

杨志峰，刘静玲，肖芳，等. 2005. 海河流域河流生态基流量整合计算[J]. 环境科学学报，25(4)：442-448.

易雨君，程曦，周静，等. 2013. 栖息地适宜度评价方法研究进展[J]. 生态环境学报，5：887-893.

易雨君，王兆印，陆永军. 2007. 长江中华鲟栖息地适合度模型研究[J]. 水科学进展，18(4)：538-543.

尹力. 2011. 基于水系要素的天津城市特色研究[D]. 天津：天津大学.

余向勇，王金南，吴舜泽，等. 2013. "三水优先"的海河流域"十二五"水污染防治战略研究[J]. 环境
　　科学与管理，38(12)：191-194.

张晶，董哲仁，孙东亚，等. 2010a. 河流健康全指标体系的模糊数学评价方法[J]. 水利水电技术，41(12)：
　　16-21.

张晶, 董哲仁, 孙东亚, 等. 2010b. 基于主导生态功能分区的河流健康评价全指标体系[J]. 水利学报, 41(8): 883-892.

张丽云, 蔡湛, 李庆辰, 等. 2012. 滦河的水沙关系及水利工程对下游河道的影响[J]. 湖北农业科学, 51(15): 3222-3225.

张璐璐, 刘静玲, James P. Lassoie, 等. 2013. 白洋淀底栖动物群落特征与重金属潜在生态风险的相关性研究[J]. 农业环境科学学报, 3: 612-621.

赵进勇, 董哲仁, 孙东亚. 2008. 河流生物栖息地评估研究进展[J]. 科技导报, 26(17): 82-88.

赵茜, 高欣, 张远, 等. 2014. 广西红水河大型底栖动物群落结构时空分布特征[J]. 环境科学研究, 27(10): 1150-1156.

郑文浩, 渠晓东, 张远, 等. 2011. 太子河流域大型底栖动物栖境适宜性[J]. 环境科学研究, 24(12): 1355-1363.

郑艳军. 2010. 邯郸市平原区浅层地下水动态变化及对策措施[J]. 地下水, 32(1): 71-72.

郑艳军, 刘红波, 李军生. 2010. 邯郸市 2004~2008 年水资源及开发利用状况分析[J]. 地下水, 32(2): 129-130.

Acreman M C, Dunbar M J. 2004. Defining environmental river flow requirements a review[J]. Hydrology & Earth System Sciences, 8(5): 861-876.

Alcázar J, Palau A, Vega-García C. 2008. A neural net model for environmental flow estimation at the Ebro River Basin, Spain[J]. Journal of Hydrology, 349(1-2): 44-55.

Alcázar J, Palau A. 2010. Establishing environmental flow regimes in a Mediterranean watershed based on a regional classification[J]. Journal of Hydrology, 388(1-2): 41-51.

Bacon J R, Hewitt I J, Cooper P. 2005. Reproducibility of the BCR sequential extraction procedure in a long-term study of the association of heavy metals with soil components in an upland catchment in Scotland[J]. Science of the Total Environment, 337(1-3): 191.

Barbour M T, Gerritsen J, Griffith G E, et al. 1996. A framework for biological criteria for florida streams using benthic macroinvertebrates[J]. Freshwater Science, 15: 185-211.

Binns N A, Eiserman F M. 1979. Quantification of fluvial trout habitat in Wyoming [J]. Transactions of the American Fisheries Society, 108(3): 215-228.

Blocksom K A, Kurtenbach J P, Klemm D J, et al. 2002. Development and evaluation of the Lake Macroinvertebrate Integrity Index(LMII) for New Jersey lakes and reservoirs[J]. Environmental Monitoring & Assessment, 77(3): 311.

Bovee K B. 1996. Managing instream flow for biodiversity: a conceptual model and hypotheses[J]. Proceedings of the Northern River Basins Study, NRBS Project Report, (66): 83-100.

Branco P, Segurado P, Santos J M, et al. 2012. Does longitudinal connectivity loss affect the distribution of freshwater fish?[J]. Ecological Engineering, 48(7): 70-78.

Branson J. 2005. A refined geomorphological and floodplain component River Habitat Survey (GeoRHS) [R]. R & D technical report. Bristol: Environment Agency.

Brinkhurst R O, Hamilton A L, Herrington H B. 1968. Components of the Bottom Fauna of the St. Lawrence, Great Lakes [M]. Toronto: Great Lakes Institute.

Cabaltica A D, Kopecki I, Schneider M, et al. 2013. Assessment of hydropeaking impact on macrozoobenthos using habitat modelling approach[J]. Civil & Environmental Research, 4: 8-16.

Châtelet E A, du Guillot F, Recourt P, et al. 2010. Influence of sediment grain size and mineralogy on testate amoebae test construction[J]. Comptes rendus - Géoscience, 342(9): 710-717.

Chaudhuri D, Tripathy S, Veeresh H, et al. 2003. Mobility and bioavailability of selected heavy metals in coal ash and sewage sludge-amended acid soil[J]. Environmental Geology, 44(4): 419-432.

Costigan K H, Daniels M D, Perkin J S, et al. 2014. Longitudinal variability in hydraulic geometry and substrate characteristics of a Great Plains sand-bed river[J]. Geomorphology, 210(4): 48-58.

Cui B S, Li X, Zhang K J. 2010. Classification of hydrological conditions to assess water allocation schemes for Lake Baiyangdian in North China[J]. Journal of Hydrology, 385: 247-256.

Dauvalter V, Rognerud S. 2001. Heavy metal pollution in sediments of the Pasvik River drainage[J]. Chemosphere, 42: 9-18.

Davenport A J, Gurnell A M, Armitage P D. 2004. Habitat survey and classification of urban rivers[J]. River Research and Applications, 20(6): 687-704.

Death R G, Dewson Z S, James A B W. 2009. Is structure or function a better measure of the effects of water abstraction on ecosystem integrity?[J]. Freshwater Biology, 54(10): 2037-2050.

Deng J L. 1982. Control problems of grey systems[J]. Systems & Control Letters, 1(5): 288-294.

Doulgeris C, Georgiou P, Papadimos D, et al. 2012. Ecosystem approach to water resources management using the MIKE 11 modeling system in the Strymonas River and Lake Kerkini[J]. Journal of Environmental Management, 94(1): 132.

Downs P W, Brookes A. 1994. Developing a standard geomorphological approach for the appraisal of river projects//Kirkby C, white W R, eds. Integrated River Basin Development[M]. Chichester: John Wiley and Sons: 299-310.

Dunbar M J, Pedersen M L, Cadman D, et al. 2010. River discharge and local-scale physical habitat influence macroinvertebrate LIFE scores[J]. Freshwater Biology, 55(1): 226-242.

Eisner A, Young C, Schneider M, et al. 2005 MesoCASiMiR: New mapping method and comparison with other current approaches[C]. Final COST 626 Meeting, Silkeborg: 65-95.

Ejsmont-Karabin J. 2004. Are community composition and abundance of psammon rotifera related to grain-size structure of beach sand in lakes? [J]. Polish Journal of Ecology, 52(3): 363-368.

Elosegi A, Dcez J, Mutz M. 2010. Effects of hydromorphological integrity on biodiversity and functioning of river ecosystems[J]. Hydrobiologia, 657(1): 199-215.

Fahrig L, Merriam G. 1985. Habitat patch connectivity and population survival: ecological archives E066-008[J]. Ecology, 66(6): 1762-1768.

Fernández D, Barquín J, Raven P J. 2011. A review of river habitat characterisation methods: indices vs. characterisation protocols[J]. Limnetica, 30(2): 217-234.

Forman R T T, Godron M. 1986. Landscape Ecology[M]. New York: John Wiley and Sons.

Frissell C A, Liss W J, Warren C E, et al. 1986. A hierarchical framework for stream habitat classification: viewing streams in a watershed context[J]. Environmental Management, 10(2): 199-214.

Ganasan V, Hughes R M. 1998. Application of an index of biological integrity(IBI) to fish assemblages of the rivers Khan and Kshipra(Madhya Pradesh), India[J]. Freshwater Biology, 40(2): 367-383.

Górski K, Collier K J, Duggan I C, et al. 2013. Connectivity and complexity of floodplain habitats govern zooplankton dynamics in a large temperate river system[J]. Freshwater Biology, 58(7): 1458-1470.

Gostner W, Parasiewicz P, Schleiss A J. 2013. A case study on spatial and temporal hydraulic variability in an alpine gravel-bed stream based on the hydromorphological index of diversity[J]. Ecohydrology, 6(4): 652-667.

Guo W, Liu X, Liu Z, et al. 2010. Pollution and potential ecological risk evaluation of heavy metals in the sediments around Dongjiang Harbor, Tianjin[J]. Procedia Environmental Sciences, 2(1): 729-736.

Gupta A D. 2008. Implication of environmental flows in river basin management[J]. Physics & Chemistry of the Earth Parts A/b/c, 33(5): 298-303.

Gurnell J. 1996. The effects of food availability and winter weather on the dynamics of a grey squirrel population in southern England [J]. Journal of Applied Ecology, 33(2): 325-338.

Hakanson L. 1980. An ecological risk index for aquatic pollution control a sedimentological approach[J]. Water Research, 14(8): 975-1001.

Hao Y, Yeh T C J, Gao Z, et al. 2006. A gray system model for studying the response to climatic change: The Liulin karst springs, China[J]. Journal of Hydrology, 328(3-4): 668-676.

Harper D, Smith C, Barham P, et al. 1995. The ecological basis for the management of the natural river environment[J]. The Ecological Basis for River Management, 1995: 219-238.

Hauer C, Unfer G, Holzmann H, et al. 2013. The impact of discharge change on physical instream habitats and its response to river morphology[J]. Climatic Change, 116(3): 827-850.

Hilsenhoff W L. 1987. An improved biotic index of organic stream pollution[J]. Great Lakes Entomologist, 20(1): 31-39.

Hughes D A, Hannart P. 2003. A desktop model used to provide an initial estimate of the ecological instream flow requirements of rivers in South Africa[J]. Journal of Hydrology, 270(3-4): 167-181.

Jowett I G. 1998. Hydraulic geometry of New Zealand rivers and its use as a preliminary method of habitat assessment[J]. River Research & Applications, 14(5): 451-466.

Jowett I G. 2003. Hydraulic constraints on habitat suitability for benthic invertebrates in gravel-bed rivers[J]. River Research & Applications, 19(5-6): 495-507.

Kemp J. 2010. Downstream channel changes on a contracting, anabranching river: the Lachlan, Southeastern Australia [J]. Geomorphology, 121(3-4): 231-244.

King J, Brown C, Sabet H. 2003. A scenario - based holistic approach to environmental flow assessments for rivers[J]. River Research and Applications, 19(5 - 6): 619-639.

Knight R R, Gregory M B, Wales A K. 2008. Relating streamflow characteristics to specialized insectivores in the Tennessee River Valley: a regional approach[J]. Ecohydrology, 1(4): 394-407.

Kristensen E A, Baattrup-Pedersen A, Thodsen H. 2011. An evaluation of restoration practises in lowland streams: has the physical integrity been re-created? [J]. Ecological Engineering, 37(11): 1654-1660.

Lewis P A, Klemm D J, Thoeny W T. 2015. Perspectives on use of a multimetric lake bioassessment integrity index using benthic macroinvertebrates[J]. Northeastern Naturalist, 8: 233-246.

Liu J, Chen Q, Li Y, et al. 2011. Fuzzy synthetic model for risk assessment on Haihe River basin[J]. Ecotoxicology, 20(5): 1131-1140.

Liu, W X, Luan, Z K, Tang, H X. 1997. Pollution in surface sediment of river and lake with multivariate face graph[J]. Environmental Chemistry, 16: 23-29.

Lorenz C M, Van Dijk G M, Van Hattum A G M, et al. 2015. Concepts in river ecology: implications for indicator development[J]. River Research & Applications, 13(6): 501-516.

Lucas M C, Baras E, Thom T J, et al. 2008. Migration of Freshwater Fishes[M]. London: London Blackwell Science Ltd.

Maddock I. 1999. The importance of physical habitat assessment for evaluating river health[J]. Freshwater Biology, 41(2): 373-391.

Mason J, W T, Lewis P A, Anderson J B. 1971. Macroinvertebrate Collections and Water Quality in the Ohio River Basin, 1963-1967[M]. Cincinnati: Office of Technical Programs, AQC Laboratory, Water Quality Office, US Environmental Protection Agency.

Mathon B R, Rizzo D M, Kline M, et al. 2013. Assessing linkages in stream habitat, geomorphic condition, and biological integrity using a generalized regression neural network[J]. Journal of the American Water Resources Association, 49(2): 415-430.

Mazvimavi D, Madamombe E, Makurira H. 2007. Assessment of environmental flow requirements for river basin planning in Zimbabwe[J]. Physics & Chemistry of the Earth Parts A/B/C, 32(15): 995-1006.

Merriam G. 1984. Connectivity: a fundamental ecological characteristic of landscape pattern[C]. Methodology in Landscape Ecological Research and Planning: Proceedings, 1st Seminar, International Association of Landscape Ecology, Roskilde.

Merritt D M, Scott M L, Leroy P N, et al. 2010. Theory, methods and tools for determining environmental flows for riparian vegetation: riparian vegetation - flow response guilds[J]. Freshwater Biology, 55(1): 206-225.

Mouton A M, De Baets B, Goethals P L M. 2009. Knowledge-based versus data-driven fuzzy habitat suitability models for river management[J]. Environmental Modelling & Software, 24(8): 982-993.

Mouton A M, Schneider M, Kopecki I, et al. 2006. application of MesoCASiMiR: assessment of Baetis rhodani habitat suitability[J]. Food Control, 47: 32-36.

Murray K S, Cauvet D, Lybeer A M, et al. 1999. Particle size and chemical control of heavy metals in bed sediment from the Rouge River, Southeast Michigan[J]. Environmental Science & Technology, 33(7): 987-992.

Navratil O, Albert M B. 2010. Non-linearity of reach hydraulic geometry relations[J]. Journal of Hydrology, 388(3): 280-290.

Navratil O, Albert M, Hérouin E, et al. 2006. Determination of bankfull discharge magnitude and frequency: comparison of methods on 16 gravel - bed river reaches[J]. Earth Surface Processes & Landforms, 31(11): 1345-1363.

Newson M D, Newson C L. 2000. Geomorphology, ecology and river channel habitat: mesoscale approaches to basin-scale challenges[J]. Progress in Physical Geography, 2000, 24(2): 95-97.

Orr H G, Large A R G, Newson M D, et al. 2008. A predictive typology for characterising hydromorphology[J]. Geomorphology, 100(1): 32-40.

Parasiewicz P, Castelli E, Rogers J N, et al. 2012. Multiplex modeling of physical habitat for endangered freshwater mussels[J]. Ecological Modelling, 228: 66-75.

Parasiewicz P. 2010. The MesoHABSIM model revisited[J]. River Research & Applications, 23(8): 893-903.

Pardo I, Armitage P D. 1997. Species assemblages as descriptors of mesohabitats[J]. Hydrobiologia, 344(1): 111-128.

Pess G R, Montgomery D R, Steel E A, et al. 2002. Landscape characteristics, land use and coho salmon(Oncorhynchus kisutch) abundance, Snohomish River, Wash., U.S.A.[J]. Journal Canadian Des Sciences Halieutiques Et Aquatiques, 59(4): 613-623(11).

Petts G E, Imhoff J G, Manny B A, et al. 1989. Management of fish populations in large rivers: a review of tools and approaches[J]. Analytical & Bioanalytical Chemistry, 394(3): 707-29.

Petts G E. 2009. Instream Flow Science For Sustainable River Management 1[J]. Jawra Journal of the American Water Resources Association, 45(5): 1071-1086.

Plafkin J L, Barbour M T, Porter K D, et al. 1989. Rapid bioassessment protocols for use in streams and rivers: benthic macroinvertebrates and fish//Rapid Bioassessment Protocols for Use in Streams and Rivers: Benthic Macroinvertebrates and Fish[M]. EPA.

Poff L R, Allan J D, Bain M B, et al. 1997. The natural flow regime: a paradigm for river conservation and restoration[J]. Bioscience, 47(11): 769-784.

Poff N L, Richter B D, Arthington A H, et al. 2010. The ecological limits of hydrologic alteration(ELOHA): a new framework for developing regional environmental flow standards[J]. Freshwater Biology, 55(1): 147-170.

Poff N L, Zimmerman J K H. 2010. Ecological responses to altered flow regimes: a literature review to inform the science and management of environmental flows[J]. Freshwater Biology, 55(1): 194-205.

Rosgen D L. 1996. Applied river morphology[M]. Pagosa Springs: Wildland Hydrology.

Santmire J A, Leff L G. 2007. The effect of sediment grain size on bacterial communities in streams[J]. Freshwater Science, 26: 601-610.

Shafroth P B, Wilcox A C, Lytle D A, et al. 2010. Ecosystem effects of environmental flows: modelling and experimental floods in a dryland river[J]. Freshwater Biology, 55(1): 68-85.

Shiel R J, Costelloe J F, Reid J R W, et al. 2006. Zooplankton diversity and assemblages in arid zone rivers of the lake Eyre Basin, Australia[J]. Marine Freshwater Research, 57: 49-60.

Shimeta J, Gast R J, Rose J M. 2007. Community structure of marine sedimentary protists in relation to flow and grain size[J]. Aquatic Microbial Ecology, 48(1): 91-104.

Stalnaker C B. 1979. The use of habitat structure preferenda for establishing flow regimes necessary for maintenance of fish habitat//Stalnaker C B. The ecology of regulated streams[M]. New York: Springer, 321-337.

Stenberg L. 2010. Geophysical and hydrogeological survey in a part of the Nhandugue River valley, Gorongosa National Park, Mozambique: Area1[D]. Lund: Lund University.

Stewardson M. 2005. Hydraulic geometry of stream reaches[J]. Journal of Hydrology, 306(1-4): 97-111.

Su L，Liu J，Christensen P. 2011. Spatial distribution and ecological risk assessment of metals in sediments of Baiyangdian wetland ecosystem[J]. Ecotoxicology，20(5)：1107-1116.

Tennant D L. 1976. Instream flow regimens for fish，wildlife，recreation and related environmental resources[J]. Fisheries，1(4)：6-10.

Tessier A，Campbell P G C，Bisson M. 1979. Sequential extraction procedure for the speciation of particulate trace metals[J]. Analytical Chemistry，51(7)：844-851.

Tharme R E. 2003. A global perspective on environmental flow assessment：emerging trends in the development and application of environmental flow methodologies for rivers[J]. River Research & Applications，19：397-441.

Trigal C，García-Criado F，Fernández-Aláez C. 2006. Among-habitat and temporal variability of selected macroinvertebrate based metrics in a Mediterranean Shallow Lake(NW Spain)[J]. Hydrobiologia，563(1)：371-384.

Troch M D，Houthoofd L，Vanreusel A，et al. 2006. Does sediment grain size affect diatom grazing by harpacticoid copepods? [J]. Marine Environmental Research，61(3)：265-277.

Turowski J M，Hovius N，Wilson A，et al. 2008. Hydraulic geometry，river sediment and the definition of bedrock channels[J]. Geomorphology，99(1-4)：26-38.

Vannote R L，Minshall G W，Cummins K W，et al. 1980. The river continuum concept[J]. Canadian Journal of Fisheries & Aquatic Sciences，37(2)：130-137.

Vezza P，Parasiewicz P，Spairani M，et al. 2014. Habitat modeling in high-gradient streams：the mesoscale approach and application[J]. Ecological Applications，24(4)：844-861.

Vezza P. 2010. Regional Meso-scale Habitat Models for Environmental Flows Assessment[D]. Turin：Polytechnic University of Turin.

Wan Y，Hu J，Liu J，et al. 2005. Fate of DDT-related compounds in Bohai Bay and its adjacent Haihe Basin，North China[J]. Marine Pollution Bulletin，50(4)：439.

Ward J V，Stanford J A. 1983. The serial discontinuity concept of lotic ecosystem// Fontaine T D，Bartell S M. Dynamics of Lotic Ecosystems[M]. Ann Arbor：Ann ArborScience Publishers.

Xia J，Feng H L，Zhan C S，et al. 2006. Determination of a Reasonable Percentage for Ecological Water-Use in the Haihe River Basin，China[J]. Pedosphere，16(1)：33-42.

Xu J. 2004. A study of anthropogenic seasonal rivers in China[J]. Catena，55(1)：17-32.

Yang T，Liu J，Chen Q，et al. 2013a. Estimation of environmental flow requirements for the river ecosystem in the Haihe River Basin，China[J]. Water Science & Technology A Journal of the International Association on Water Pollution Research，67(4)：699-707.

Yang T，Liu J，Chen Q. 2013b. Assessment of plain river ecosystem function based on improved gray system model and analytic hierarchy process for the Fuyang River，Haihe River Basin，China[J]. Ecological Modelling，268(5)：37-47.

Yang Z F, Sun T, Cui B S, et al. 2009. Environmental flow requirements for integrated water resources allocation in the Yellow River Basin, China[J]. Communications in Nonlinear Science & Numerical Simulation, 14(5): 2469-2481.

Yi Y, Wang Z, Yang Z. 2010. Impact of the Gezhouba and Three Gorges Dams on habitat suitability of carps in the Yangtze River[J]. Journal of Hydrology, 387(3-4): 283-291.

Zhang L L, Liu J L. 2014. Relationships between ecological risk indices for metals and benthic communities metrics in a macrophyte-dominated lake[J]. Ecological Indicators, 40(5): 162-174.

Zhu J G, Chai Z Y, Mao Z C. 2002. Using reduction gasification AFS method quickly measure of arsenic and mercury in the soil of organic food base[J]. Analysis & Testing Technology & Instruments, 8(2): 103-106.

附　录

附表 1　海河流域平原河流物理栖息地现场调查记录表

地点	

站位代码			水体类型	河道

经度		纬度		海拔高度	

河流所属水系	
河流名称	
调查人	
调查原因	

监测起始时间		终止时间	

备注	

天气状况		现在	过去 24 小时	过去 7 天内是否下过大雨？
	暴雨（大雨）	☐	☐	☐Yes　　　☐No
	雨（降雨稳定）	☐	☐	空气温度＿＿＿℃
	阵雨（间歇性）	☐	☐	其他＿＿
	%云层覆盖	☐	☐	
	晴/阳光充足	☐	☐	

流域特征	土地利用方式	当地流域的非点源污染
	☐森林　　☐商业	☐不明显　　☐有潜在污染源　　☐明显
	☐牧场　　☐工业	当地流域侵蚀状况
	☐农业　　☐其他＿＿＿	☐无　　☐中度　　☐重度
	☐住宅	
	人口密度＿＿＿	

河岸带	左岸植被：☐森林　☐灌木　☐草地　☐农田　宽度＿＿＿
	右岸植被：☐森林　☐灌木　☐草地　☐农田　宽度＿＿＿
	左岸稳定程度：☐稳定　☐一般　☐不稳定
	右岸稳定程度：☐稳定　☐一般　☐不稳定

河内特征	河长＿＿＿m	最高水位线＿＿＿m
	河宽＿＿＿m	有代表性河道形态类型所占比例
	河流深度＿＿＿m	☐浅滩＿＿＿%　　☐激流＿＿＿%
	面积＿＿＿km²	☐水池＿＿＿%
	河流流量＿＿＿m³	河道样式　　☐复式　　☐单式
	河面流速＿＿＿m/s	**河床形状＿＿＿**
	是否开辟渠道　☐Yes ☐No	是否筑坝　　　☐Yes ☐No

底泥基质类型	☐岩床＿＿＿%	
	☐卵石＿＿＿%	☐沙砾（3～60mm）＿＿＿%
	☐细沙（0.25～3mm）＿＿＿%	☐泥土和淤泥（<0.25mm）＿＿＿%
	☐杂物＿＿＿%	

水生动植物	植物　☐固着浮水　☐固着沉水　☐固着漂浮
	☐自由漂浮　☐浮游藻类　☐附着藻类
	现存支配种群＿＿＿＿＿　比例＿＿＿%

水质	水的气味 ☐正常/无 ☐一般污水 ☐石油类 ☐化学 ☐腥臭 ☐其他＿＿＿
	水面油类 ☐浮油 ☐闪光 ☐团 ☐斑点 ☐无 ☐其他＿＿＿

附表 2　大清河水系河流栖息地完整性调查指标值

样点代码	河段	经度	纬度	坡度(°)	海拔/m	底质构成指数	栖境复杂性指数	堤岸稳定性指数	河道蜿蜒度	河岸带人类活动强度指数	环境流量保障率	河岸带植被缓冲带宽度指数	纵向连续性指数	横向连续性指数	水功能区水质达标率	栖息地完整性指数
DQ14	漕泷河	115°20′49″	38°23′56″	5.00	62.53	0.60	0.60	0.25	1.80	-0.70	0.15	0.20	1.00	0.85	0.25	5
DQ15	王快总干渠	115°23′33″	38°24′36″	17.00	62.53	0.02	0.10	0.02	1.20	-0.80	0.25	0.10	0.75	0.55	0.15	2.34
DQ13	大沙河	114°46′56″	38°22′28″	18.00	62.53	0	0	0	1.40	-0.70	0	0.25	0.45	0.55	0.25	2.2
DQ12	唐河	114°59′49″	38°29′35″	23.00	62.53	0	0	0.60	1.30	-0.50	0	0.20	1.00	0.55	0.25	3.4
DQ17	唐河	115°6′14″	38°5′46″	72.00	32.00	0.20	0.65	0.80	1.80	-0.15	0.05	0.80	1.00	0.95	0.85	6.95
DQ18	大沙河	114°41′51″	38°48′51″	26.00	32.00	0.80	0.70	0.65	1.60	-0.10	0.95	0.95	0.85	0.95	0.95	8.3
DQ16	府河	115°32′17″	38°50′29″	76.00	21.02	0.15	0.40	0.10	1.30	-0.65	0.25	0.05	0.45	0.55	0.35	2.95
DQ23	磁河	114°6′13″	38°3′18″	29.00	37.64	0.80	0.75	0.65	1.50	-0.15	0.35	0.75	0.25	0.95	0.35	6.2
DQ22	胭脂河	114°21′59″	38°46′29″	23.00	37.64	0.15	0.40	0.20	1.80	-0.75	0.35	0.45	0.45	0.75	0.35	4.15
DQ21	大沙河/鹧鸪河/板峪河	114°24′27″	38°48′56″	22.00	64.00	0.20	0.45	0.55	1.85	-0.15	0.45	0.75	0.45	0.85	0.35	5.75
DQ20	大沙河	114°13′46″	38°5′14″	5.00	37.64	0.04	0.20	0.55	1.70	-0.70	0.35	0.70	0.45	0.65	0.55	4.49
DQ19	唐河	114°43′33″	38°58′12″	5.00	31.54	0.20	0.40	0.50	1.80	-0.65	0.35	0.70	0.45	0.85	0.55	5.15
DQ11	潴河	115°17′43″	39°14′52″	7.00	31.54	0.70	0.75	0.65	1.70	-0.25	0.25	0.70	0.45	0.65	0.35	5.95
DQ10	泞河	115°42′33″	39°2′57″	7.00	38.01	0	0	0.04	1.35	-0.75	0	0.55	0.15	0.40	0.15	1.89
DQ27	府河	115°53′53″	38°55′54″	6.00	19.51	0	0	0.10	1.25	-0.75	0	0.15	0.25	0.45	0.15	1.6
DQ28	瀑河	115°5′46″	38°57′13″	5.00	19.51	0	0	0.25	1.30	-0.75	0	0.15	0.25	0.35	0.15	1.7

续表

样点代码	河段	经度	纬度	坡度(°)	海拔/m	底质构成指数	栖境复杂性指数	堤岸稳定性指数	河道弯曲度	河岸带人类活动强度指数	环境流量保障率	河岸带植被缓冲带宽度指数	纵向连续性指数	横向连续性指数	水功能区水质达标率	栖息地完整性指数
DQ26-1	唐河新道	115°34′29″	38°51′5″	19.50	22.76	0	0	0.20	1.25	-0.70	0	0.30	0.25	0.45	0.15	1.9
DQ26-2	唐河新道	115°44′33″	38°58′40″	10	17.20	0	0	0.20	1.50	-0.70	0.05	0.20	0.15	0.65	0.15	2.2
DQ25	孝义河	115°44′35″	38°62′19″	17.20	9.00	0	0	0.20	1.80	-0.35	0.15	0.55	0.25	0.55	0.15	3.3
DQ24	潴龙河	115°49′10″	38°42′55″	14.50	27.76	0	0	0.20	1.30	-0.70	0	0.55	0.25	0.35	0.15	2.1
DQ29-1	大清河	115°58′28″	39°6′52″	19.00	22.76	0.20	0.40	0.55	1.95	-0.75	0.15	0.35	0.25	0.35	0.15	3.6
DQ29-2	大清河	116°44′39″	39°38′32″	21.70	17.00	0.06	0.20	0.08	1.70	-0.75	0.15	0.15	0.25	0.35	0.15	2.34
DQ30	牤牛河	116°22′6″	39°8′34″	19.00	22.76	0	0	0.07	1.30	-0.70	0	0.15	0.25	0.35	0.15	1.57
DQ37	中亭河	116°29′50″	39°6′20″	18.00	14.90	0.07	0.20	0.25	1.25	-0.70	0.05	0.15	0.45	0.35	0.15	2.22
DQ36-1	丁牙新河	116°52′35″	38°31′5″	23.00	8.78	0	0	0.08	1.25	-0.75	0.05	0.15	0.45	0.35	0.15	1.73
DQ36-2	丁牙新河	116°52′35″	38°31′5″	19.50	8.78	0	0	0.10	1.25	-0.65	0	0.15	0.25	0.35	0.15	1.6
DQ34	丁牙河	116°24′30″	38°23′46″	30	8.28	0.30	0.40	0.20	1.50	-0.50	0.25	0.50	0.25	0.85	0.15	3.9
DQ35	丁牙新河	116°20′40″	38°25′41″	30.50	8.78	0	0	0.10	1.30	-0.70	0.25	0.15	0.45	0.45	0.15	2.15
DQ33	任河大渠	116°40′35″	38°34′77″	24.00	8.78	0	0	0.10	1.50	-0.70	0.15	0.15	0.25	0.40	0.15	2
DQ31	赵王新河	116°22′24″	39°5′15″	19.50	8.78	0.20	0.40	0.55	1.50	-0.75	0.05	0.55	0.25	0.55	0.15	3.45
DQ32	任文干渠	116°52′35″	38°31′5″	27.00	14.17	0.07	0.20	0.20	1.30	-0.30	0.05	0.55	0.25	0.35	0.15	2.82

附表 3　天津水系河流栖息地完整性调查指标值

样点代码	河段	经度	纬度	坡度(°)	海拔/m	底质构成指数	栖境复杂性指数	堤岸稳定性指数	河道蜿蜒度	河岸带人类活动强度指数	环境流量保障率	河岸带植被缓冲带宽度指数	纵向连续性指数	横向连续性指数	水功能区水质达标率	栖息地完整性指数
TJ01	子牙河	116°35′58″	38°48′58″	30.00	14.17	0.06	0.20	0.10	1.30	-0.70	0.05	0.15	0.25	0.45	0.15	2.01
TJ02	子牙河	116°54′11″	38°54′58″	24.50	14.17	0.06	0.20	0.25	1.55	-0.75	0.05	0.40	0.25	0.35	0.15	2.51
TJ03	大清河	116°55′9″	38°55′9″	12.50	14.17	0.20	0.55	0.10	1.50	-0.75	0.35	0.15	0.45	0.55	0.35	3.45
TJ04	独流减河	116°56′14″	38°59′37″	13.00	14.17	0.20	0.55	0.55	1.30	-0.70	0.25	0.15	0.25	0.35	0.35	3.25
TJ05	中亭河	116°175′	38°46′31″	28.00	14.17	0.07	0.20	0.10	1.80	-0.70	0.15	0.15	0.25	0.55	0.15	2.72
TJ06	子牙河	116°42′43″	39°19′	5.00	14.17	0.07	0.20	0.10	1.30	-0.70	0.15	0.30	0.25	0.55	0.15	2.37
TJ07	子牙河	116°17′39″	38°541′	6.00	14.17	0	0	0.10	1.50	-0.75	0	0.15	0.15	0.35	0.15	1.65
TJ08	独流减河	117°1′31″	39°34′	6.50	9.08	0.07	0.20	0.10	1.55	-0.50	0.25	0.30	0.25	0.35	0.35	2.92
TJ09	独流减河	117°143′	39°2′54″	2.00	9.05	0.08	0.20	0.07	1.65	-0.70	0.15	0.15	0.25	0.65	0.35	2.85
TJ10	独流减河	117°10′26″	38°54′27″	2.00	9.05	0.07	0.20	0.10	1.30	-0.79	0.25	0.10	0.45	0.55	0.35	2.58
TJ11	独流减河	117°23′22″	38°48′38″	2.00	9.05	0.06	0.20	0.10	1.25	-0.70	0.35	0.15	0.45	0.75	0.35	2.96
TJ12	海河河口航道	117°40′14″	38°57′35″	14.50	9.05	0	0	0	1.25	-0.60	0	0.15	0.25	0.35	0.15	1.55
TJ15	蓟运河/永定新河	117°43′1″	39°9′39″	4.00	9.05	0.30	0.40	0.10	1.50	-0.70	0.35	0.40	0.45	0.75	0.15	3.7
TJ16	潮白新河/永定新河	117°39′15″	39°11′28″	20.00	9.05	0.07	0.20	0.10	1.55	-0.70	0.25	0.30	0.25	0.35	0.35	2.72
TJ13	海河	117°35′39″	39°2′48″	24.50	9.05	0.07	0.20	0.07	1.80	-0.30	0.25	0.30	0.45	0.35	0.15	3.34
TJ37	北运河	117°227′	39°5′35″	24.50	9.00	0.06	0.20	0.10	1.55	-0.75	0.05	0.30	0.25	0.35	0.15	2.26
TJ38-2	永定河/北运河/龙凤河	117°3′11″	39°10′11″	20.00	9.08	0.08	0.20	0.25	1.85	-0.75	0.05	0.30	0.25	0.35	0.15	2.73
TJ38-4	永定河/北运河/龙凤河	113°3′11″	39°10′11″	25.00	9.00	0.08	0.25	0.12	1.80	-0.75	0	0.15	0.25	0.55	0.15	2.6

续表

样点代码	河段	经度	纬度	坡度(°)	海拔/m	底质构成指数	栖境复杂性指数	堤岸稳定性指数	河道弯曲度	河岸带人类活动强度指数	环境流量保障率	河岸带植被缓冲带宽度指数	纵向连续性指数	横向连续性指数	水功能区水质达标率	栖息地完整性指数
TJ38-3	永定河/北运河/龙凤河	117°3′11″	39°10′11″	24.00	9.00	0.09	0.20	0.25	1.50	-0.75	0	0.30	0.25	0.55	0.15	2.54
TJ38-1	永定河/北运河/龙凤河	117°3′26″	39°15′27″	18.00	9.00	0.08	0.25	0.25	1.50	-0.50	0.05	0.35	0.25	0.55	0.15	2.93
TJ39	北运河	117°3′30″	39°17′22″	39.00	9.00	0.07	0.25	0.10	1.55	-0.75	0.05	0.30	0.25	0.55	0.15	2.52
TJ41	龙凤河	117°2′39″	39°20′23″	15.50	9.00	0.08	0.25	0.25	1.55	-0.75	0.07	0.30	0.25	0.35	0.15	2.5
TJ40	龙凤河	117°2′18″	39°19′57″	16.50	9.00	0.06	0.16	0.07	1.45	-0.35	0.15	0.15	0.25	0.55	0.15	2.64
TJ42	龙凤河	117°2′6″	39°19′41″	24.00	9.00	0.06	0.16	0.06	1.50	-0.65	0	0.15	0.25	0.35	0.15	2.03
TJ43	永定河	117°3′49″	39°17′32″	5.00	9.00	0.07	0.20	0.10	1.50	-0.75	0.05	0.35	0.25	0.35	0.15	2.27
TJ44	新龙河	112°4′55″	39°16′3″	9.00	9.00	0.07	0.17	0.07	1.30	-0.70	0.05	0.15	0.25	0.55	0.15	2.06
TJ45	永定河	117°3′32″	39°17′31″	13.00	9.00	0	0	0.02	0.60	-0.90	0	0.05	0.25	0.45	0.35	0.82
TJ46	龙凤河/龙凤河	116°58′47″	39°14′48″	8.00	10.26	0.07	0.20	0.10	1.80	-0.75	0.25	0.15	0.45	0.40	0.35	3.02
TJ47	龙凤河	116°59′15″	39°22′27″	9.00	12.26	0.07	0.25	0.10	1.80	-0.80	0.15	0.30	0.25	0.40	0.15	2.67
TJ48	北运河	117°1′26″	39°28′14″	30.00	10.26	0.02	0.12	0.10	1.50	-0.75	0.15	0.15	0.25	0.55	0.15	2.24
TJ49	北运河	116°58′56″	39°28′56″	28.00	10.26	0.08	0.25	0.02	1.55	-1.20	0.15	0.05	0.25	0.55	0.15	1.85
TJ53	龙凤河	116°56′59″	39°29′30″	48.00	10.26	0.07	0.25	0.10	1.50	-0.75	0.05	0.15	0.25	0.55	0.15	2.32
TJ54	北运河	117°1′48″	39°33′46″	5.00	10.26	0.07	0.25	0.10	1.30	-0.75	0.05	0.35	0.25	0.35	0.15	2.12
TJ55	龙凤河	116°58′52″	39°32′24″	10.50	10.26	0	0	0.02	1.50	-0.75	0.05	0.15	0.25	0.55	0.15	1.92
TJ52	北运河	116°56′17″	39°30′56″	20.50	10.26	0	0	0.02	1.30	-0.70	0.07	0.15	0.25	0.55	0.15	1.79
TJ50	龙凤河	116°55′34″	39°30′32″	42.00	10.26	0.06	0.20	0.10	1.50	-0.70	0.05	0.05	0.25	0.35	0.15	2.01
TJ51	北运河	116°5′574″	39°31′26″	40.00	10.26	0.07	0.25	0.10	1.55	-0.75	0.05	0.15	0.25	0.55	0.15	2.57
TJ35	蓟运河	117°22′15″	39°53′32″	22.00	9.00	0.30	0.70	0.50	1.30	-0.70	0.35	0.50	0.25	0.35	0.35	3.9
TJ34	蓟运河	117°24′25″	39°55′17″	5.00	9.00	0.15	0.70	0.55	1.50	-0.75	0.35	0.35	0.25	0.35	0.35	3.8

续表

样点代码	河段	经度	纬度	坡度(°)	海拔/m	底质构成指数	栖境复杂性指数	堤岸稳定性指数	河道蜿蜒度	河岸带人类活动强度指数	环境流量保障率	河岸带植被缓冲带宽度指数	纵向连续性指数	横向连续性指数	水功能区水质达标率	栖息地完整性指数
TJ33	海河	117°2'20"	39°5'03"	9.00	9.00	0.07	0.20	0.12	1.85	-0.55	0.15	0.15	0.25	0.35	0.35	2.94
TJ32	沟河/武河	117°17'22"	39°49'42"	8.00	9.00	0.60	0.75	0.10	1.85	-0.90	0.25	0.15	0.25	0.45	0.35	3.85
TJ31	潮白新河	117°18'15"	39°45'32"	30.00	9.00	0.07	0.25	0.02	1.25	-0.90	0.15	0.05	0.25	0.45	0.35	1.94
TJ30	潮白新河	117°24'5"	39°31'22"	11.00	9.00	0.07	0.25	0.10	1.25	-0.75	0.05	0.15	0.25	0.40	0.35	2.12
TJ14	海河	117°12'28"	39°0'13"	8.00	10.50	0.02	0.12	0.07	1.35	-0.90	0.05	0.05	0.25	0.40	0.15	1.56
TJ36	永定新河	117°15'28"	39°11'20"	20.00	8.00	0.35	0.75	0.25	1.55	-0.75	0.15	0.35	0.25	0.40	0.35	3.65
TJ29	青龙湾河	117°17'24"	39°26'19"	30.00	8.02	0.20	0.45	0.02	1.50	-0.75	0.15	0.15	0.25	0.40	0.15	2.52
TJ28	青龙湾河	117°17'31"	39°27'31"	38.00	8.02	0.07	0.25	0.10	1.50	-0.75	0.25	0.15	0.25	0.55	0.35	2.72
TJ27	潮白新河/青龙湾河	117°20'38"	39°29'26"	5.00	8.00	0.07	0.25	0.10	1.35	-0.95	0.25	0.05	0.25	0.45	0.35	2.17
TJ17	潮白新河	117°27'18"	39°24'11"	45.00	8.00	0.35	0.25	0.10	1.80	-0.95	0.35	0.05	0.25	0.65	0.35	3.2
TJ18	青龙湾故道/蓟运河	117°31'57"	39°17'47"	26.00	8.00	0.06	0.10	0.10	1.30	-0.90	0.15	0.05	0.25	0.55	0.15	1.81
TJ20	蓟运河	117°42'25"	39°5'49"	28.50	6.14	0.07	0.05	0.02	1.35	-0.95	0.15	0.05	0.25	0.35	0.35	1.69
TJ19	还乡河分洪道/蓟运河	117°45'13"	39°11'16"	5.00	6.14	0.07	0.20	0.02	0.80	-0.90	0.25	0.05	0.25	0.35	0.35	1.44
TJ21	还乡河分洪道/津唐运河	117°47'24"	39°15'12"	5.00	6.14	0.07	0.25	0.10	1.55	-0.75	0.15	0.15	0.25	0.35	0.35	2.47
TJ22	蓟运河	117°46'54"	39°20'19"	6.00	6.14	0.07	0.25	0.10	1.90	-0.75	0.15	0.15	0.25	0.35	0.35	2.82
TJ23	蓟运河	117°44'4"	39°28'10"	7.00	6.14	0.02	0.25	0.10	1.55	-0.95	0.15	0.05	0.25	0.45	0.35	2.22
TJ24	还乡河分洪道	117°42'58"	39°30'3"	27.00	6.14	0.20	0.55	0.55	1.55	-0.35	0.25	0.15	0.25	0.35	0.35	3.85
TJ25	蓟运河	117°42'27"	39°3'11"	28.00	6.14	0.07	0.05	0.02	1.55	-0.90	0.15	0.05	0.25	0.45	0.35	2.04
TJ26	蓟运河	117°28'58"	39°37'20"	34.00	6.14	0.02	0.10	0.10	1.55	-1.35	0.05	0.15	0.25	0.35	0.35	1.57

附表 4　滦河水系河流栖息地完整性调查指标值

样点代码	河段	经度	纬度	坡度(°)	海拔/m	底质构成指数	栖境复杂性指数	堤岸稳定性指数	河道弯曲度	河岸带人类活动强度指数	环境流量保障率	河岸带植被缓冲带宽度指数	纵向连续性指数	横向连读性指数	水功能区水质达标率	栖息地完整性指数
LH01	闪电河	116°00′11″	41°32′23″	5.00	1504.00	0.20	0.55	0.10	1.85	-0.65	0.55	0.15	0.85	0.850	0.75	5.20
LH02	闪电河	116°0′40″	41°33′13″	5.00	1400.00	0.45	0.75	0.55	1.95	-0.55	0.50	0.95	0.75	0.850	0.55	6.75
LH03	闪电河	115°50′33″	41°52′49″	20.00	1372.00	0.85	0.75	0.75	1.90	-0.05	0.85	0.95	0.85	0.990	0.90	8.74
LH04	沙井子河	116°0′40″	41°33′13″	5.00	1492.00	0.80	0.95	0.55	1.95	-0.35	0.75	0.95	0.75	0.850	0.85	8.05
LH05	黑风河	116°33′25″	42°25′57″	5.00	1264.00	0.75	0.85	0.85	2.50	-0.05	0.85	0.85	0.95	0.950	0.85	9.35
LH06	黑风河	116°29′29″	42°19′26″	5.00	1238.00	0.45	0.75	0.85	2.50	-0.01	0.95	0.95	0.85	0.950	0.85	9.09
LH07	滦河	116°30′36″	42°17′47″	4.00	1231.00	0.60	0.85	0.75	2.95	-0.05	0.75	0.95	0.95	0.950	0.85	9.55
LH08	滦河	116°38′14″	42°12′21″	43.00	1213.00	0.45	0.75	0.25	1.95	-0.75	0.55	0.35	0.75	0.650	0.55	5.50
LH09	吐力根河	116°41′34″	42°14′34″	5.00	1234.00	0.85	0.95	0.75	2.45	-0.05	0.85	0.85	0.85	0.950	0.85	9.30
LH10	滦河	116°43′16″	42°04′17″	10.00	1177.00	0.45	0.75	0.25	3.50	-0.55	0.90	0.25	0.95	0.950	0.95	8.40
LH11	滦河	116°33′27″	41°52′40″	7.80	1143.00	0.45	0.75	0.10	1.85	-0.75	0.85	0.35	0.75	0.850	0.85	6.05
LH12	滦河	117°04′24″	41°35′15″	4.70	752.00	0.95	0.95	0.25	1.55	-0.55	0.95	0.35	0.85	0.850	0.55	6.70
LH13	滦河	117°05′44″	41°34′56″	45.00	785.00	0.06	0.25	0.10	1.55	-0.75	0.25	0.35	0.75	0.750	0.75	4.06
LH14	小滦河	117°02′06″	41°40′09″	45.00	844.00	0.06	0.55	0.10	1.55	-0.75	0.25	0.35	0.55	0.650	0.55	3.86
LH15	小滦河	116°59′27″	41°47′53″	2.00	950.00	0.45	0.75	0.10	1.55	-0.75	0.65	0.15	0.75	0.850	0.65	5.15
LH16	小滦河	116°59′56″	41°51′14″	35.00	978.00	0.45	0.75	0.10	1.85	-0.75	0.55	0.15	0.75	0.850	0.55	5.25
LH17	伊逊河	117°49′01″	41°49′39″	10.00	785.00	0.85	0.85	0.25	1.55	-0.75	0.85	0.35	0.75	0.850	0.75	6.30
LH18	不溶河	117°52′24″	41°51′11″	5.00	802.00	0.95	0.95	0.25	2.05	-0.75	0.55	0.35	0.85	0.950	0.75	6.90
LH19	伊逊河	117°49′54″	41°47′42″	5.00	763.00	0.45	0.75	0.10	1.55	-0.75	0.55	0.15	0.85	0.950	0.75	5.35

续表

样点代码	河段	经度	纬度	坡度(°)	海拔/m	底质构成指数	栖境复杂性指数	堤岸稳定性指数	河道蜿蜒度	河岸带人类活动强度指数	环境流量保障率	河岸带植被缓冲带宽度指数	纵向连续性指数	横向连续性指数	水功能区水质达标率	栖息地完整性指数
LH20	伊逊河/伊玛图河	117°42'20"	41°18'57"	30.00	547.00	0.85	0.95	0.10	1.85	-0.85	0.85	0.35	0.85	0.850	0.65	6.45
LH21	蚂蚁吐河	117°40'57"	41°17'20"	11.20	534.00	0.85	0.85	0.25	1.65	-0.75	0.55	0.15	0.85	0.850	0.55	5.80
LH22	伊玛图河	117°33'48"	41°24'10"	5.00	601.00	0.85	0.85	0.10	1.85	-0.55	0.75	0.35	0.85	0.950	0.55	6.55
LH23	兴洲河	117°11'22"	41°13'22"	30.00	620.00	0.45	0.25	0.10	1.35	-0.75	0.02	0.15	0.35	0.050	0.05	2.02
LH24	兴洲河	117°07'07"	41°13'02"	7.40	654.00	0.85	0.95	0.55	1.95	-0.35	0.85	0.55	0.85	0.950	0.85	8.00
LH25	兴洲河	117°26'42"	40°59'17"	31.00	461.00	0.06	0.25	0.25	1.55	-0.55	0.55	0.55	0.75	0.850	0.55	4.81
LH26	滦河/兴洲河	117°29'57"	40°59'20"	20.00	437.00	0.02	0.10	0.10	1.25	-0.55	0.10	0.15	0.55	0.650	0.15	2.52
LH27	滦河/伊逊河	117°44'44"	40°57'20"	17.00	362.00	0.02	0.10	0.02	0.65	-0.95	0.02	0.35	0.35	0.005	0.15	0.72
LH29	武烈河	117°56'45"	40°58'54"	90.00	340.00	0.02	0.05	0.10	0.60	-0.95	0.10	0.15	0.10	0	0.05	0.22
LH30	武烈河/玉带河/鹦鹉河	117°57'33"	41°09'04"	15.00	417.00	0.45	0.75	0.55	1.95	-0.25	0.35	0.55	0.75	0.850	0.55	6.50
LH31	滦河	118°03'52"	40°50'37"	30.00	288.00	0.75	0.75	0.25	1.55	-0.55	0.75	0.35	0.75	0.650	0.55	5.80
LH32	老牛河	118°14'04"	40°52'02"	30.00	337.00	0.85	0.85	0.10	1.95	-0.75	0.85	0.35	0.75	0.850	0.85	6.65
LH33	老牛河	118°17'06"	40°52'59"	15.10	382.00	0.85	0.85	0.10	1.55	-0.75	0.75	0.15	0.75	0.850	0.75	5.85
LH34	老牛河	118°11'45"	40°47'01"	90.00	277.00	0.06	0.25	0.10	1.35	-0.75	0.10	0.15	0.45	0	0.45	2.16
LH35	老牛河	118°08'29"	40°42'22"	28.00	257.00	0.06	0.25	0.10	1.55	-0.35	0.25	0.55	0.75	0.850	0.35	4.36
LH36	柳河	118°07'25"	40°38'09"	20.00	224.00	0.95	0.95	0.55	1.95	-0.10	0.95	0.85	0.95	0.950	0.90	8.90

续表

样点代码	河段	经度	纬度	坡度(°)	海拔/m	底质构成指数	栖境复杂性指数	堤岸稳定性指数	河道蜿蜒度	河岸带人类活动强度指数	环境流量保障率	河岸带植被缓冲带宽度指数	纵向连续性指数	横向连续性指数	水功能区水质达标率	栖息地完整性指数
LH37	柳河	117°42'26"	40°34'44"	5.00	466.00	0.45	0.75	0.55	1.95	-0.35	0.25	0.55	0.75	0.850	0.15	5.90
LH38	溲河	117°57'08"	40°22'26"	20.00	257.00	0.85	0.85	0.25	1.55	-0.55	0.55	0.35	0.75	0.650	0.65	5.90
LH39	滦河	118°16'26"	40°19'56"	25.00	133.00	0.06	0.25	0.10	1.25	-0.75	0.02	0.15	0.25	0.350	0.05	1.73
LH41	滦河	118°18'22"	40°11'41"	24.00	121.00	0.45	0.75	0.25	1.35	-0.75	0.10	0.15	0.05	0	0.35	2.70
LH42	滦河	118°37'01"	40°06'57"	32.00	69.00	0.04	0.10	0.20	1.25	-0.75	0.10	0.15	0.45	0.350	0.25	2.14
LH43	沙河	118°50'13"	40°10'04"	10.00	82.00	0.85	0.85	0.25	1.55	-0.55	0.85	0.15	0.75	0.350	0.55	5.60
LH45	青龙河	118°58'04"	40°05'42"	45.00	67.00	0.06	0.25	0.06	1.55	0.75	0.25	0.15	0.75	0.850	0.15	4.82
LH48	青龙河	119°07'20"	40°20'39"	20.00	167.00	0.75	0.85	0.55	1.55	-0.55	0.65	0.35	0.75	0.650	0.55	6.10
LH49	青龙河	119°12'06"	40°18'32"	27.00	194.00	0.75	0.85	0.25	1.55	-0.75	0.75	0.15	0.75	0.450	0.55	5.30
LH51	石河	119°42'05"	40°00'46"	25.00	15.00	0.75	0.85	0.10	1.35	-0.85	0.10	0.15	0.35	0.450	0.35	3.60
LH53	饮马河	119°13'23"	39°40'32"	30.00	9.00	0.06	0.25	0.10	1.35	-0.55	0.25	0.55	0.55	0.650	0.15	3.36
LH54	饮马河	119°04'33"	39°43'32"	30.00	16.00	0.02	0.25	0.10	1.55	-0.75	0.10	0.55	0.35	0.850	0.15	3.17
LH55	青龙河	119°04'29"	39°48'06"	31.00	43.00	0.02	0.10	0.25	1.55	-0.55	0.25	0.15	0.45	0.350	0.35	2.92
LH57	青龙河	118°50'58"	39°53'33"	45.00	4.00	0.75	0.75	0.10	1.35	-0.85	0.25	0.05	0.35	0.350	0.55	3.65
LH58	沙河	118°34'45"	39°51'54"	36.00	54.00	0.75	0.75	0.10	1.55	-0.85	0.55	0.15	0.55	0.450	0.15	4.15
LH59	滦河	118°52'37"	39°32'33"	28.00	15.00	0.06	0.25	0.10	1.95	-0.25	0.85	0.55	0.75	0.850	0.75	5.86
LH60	二滦河	118°43'20"	39°30'52"	36.00	7.00	0.06	0.25	0.10	1.55	-0.75	0.10	0.15	0.35	0.650	0.55	3.01
LH61	小青龙河	118°31'33"	39°33'33"	42.00	9.00	0.02	0.10	0.02	0.80	-0.95	0	0.15	0.15	0.550	0.05	0.89
LH62	沙河	118°21'37"	39°34'33"	20.00	23.00	0.06	0.20	0.10	0.10	-0.75	0.20	0.15	0.45	0.550	0.15	1.21